生态孤立角度的 长白山自然保护区 土地利用及管理研究

王 玥 谷晓萍 王盼盼 等◎编著

Research on Land Use and Management of Changbai Mountain Nature Reserve from the Perspective of Ecological Isolation

·北 京·

内容简介

多年来，长白山自然保护区进行了一定的开发，外围与保护区内多为连接的林地或由林区道路间隔。环区开发后紧邻保护区界线，原有林地转变为了建设用地，这种土地利用转变会改变区域微环境，从而影响保护区内部森林的自然演替。因此，本书以长白山自然保护区及其周边地区为研究对象，模拟预测研究区土地利用变化及其影响，并针对自然保护区管理提出建议。

本书受到国家自然科学基金青年基金项目“外围土地利用变化对长白山自然保护区的生态孤立效应研究”的资助。

图书在版编目(CIP)数据

生态孤立角度的长白山自然保护区土地利用及管理研究 / 王玥等编著. -- 北京：中国农业大学出版社，2023.2

ISBN 978-7-5655-2895-8

Ⅰ. ①生…　Ⅱ. ①王…　Ⅲ. ①长白山—自然保护区—土地利用—研究　Ⅳ. ①S759.992.34

中国版本图书馆 CIP 数据核字(2022)第 256337 号

书　　名　生态孤立角度的长白山自然保护区土地利用及管理研究
Shengtai Guli Jiaodu de Changbaishan Ziran Baohuqu Tudi Liyong ji Guanli Yanjiu

作　　者　王　玥　谷晓萍　王盼盼　等　编著

策划编辑　杜　琴　　　　责任编辑　杜　琴

封面设计　李尘工作室

出版发行　中国农业大学出版社

社　　址　北京市海淀区圆明园西路 2 号　　　　邮政编码　100193

电　　话　发行部 010-62733489,1190　　　　读者服务部 010-62732336
　　　　　编辑部 010-62732617,2618　　　　出　版　部 010-62733440

网　　址　http://www.caupress.cn　　　　E-mail cbsszs @ cau.edu.cn

经　　销　新华书店

印　　刷　北京虎彩文化传播有限公司

版　　次　2023 年 2 月第 1 版　　2023 年 2 月第 1 次印刷

规　　格　170 mm×240 mm　　16 开本　　6.75 印张　　135 千字

定　　价　28.00 元

编 著 人 员

主要编著者　王　玥　谷晓萍　王盼盼

其他编著者　（按姓氏拼音排列）

刘　博　赵福强　仲庆林

前　言

自然保护区(简称保护区)对保护生态系统和生物多样性起着关键作用。随着自然保护区所在地城镇化进程和旅游开发,围绕自然保护区周边人为活动增加,自然保护区周边土地利用变化加剧,建设用地面积急剧增长,自然保护区周边土地覆被和土地利用,以及栖息地的数量、大小或形状等都在发生变化。自然保护区内及其周边区域构成一个更大的生态系统,周边区域部分土地利用变化可能导致内外生态系统的重构,从而影响自然保护区内的生态功能和生物多样性。城市扩张、旅游、基础设施建设会不同程度地引起保护区有效面积、生态过程、重要栖息地的变化及边缘效应。理论上,自然保护区内外具有生态联系,外围土地利用变化可能影响保护区内的生态过程和生物多样性,物质能量流动对保护区内部产生干扰。实践中,保护区外围的土地利用变化(包括修建道路)对保护区内部长期影响的定量分析还未十分明确。

长白山国家级自然保护区(简称长白山自然保护区)是我国建立较早的自然保护区,已有的长白山森林资源调查研究一般通过野外调查、遥感和地理信息系统相结合的方法来研究长白山自然保护区内森林景观边界的动态变化规律,探讨森林景观破碎化过程与景观边界指数变化的关系,自然保护区内部景观格局与森林资源变化等。20 世纪 90 年代,长白山自然保护区开始大力发展旅游业,1977—2007 年保护区外围 30 km 区域内建设用地增长 2 倍多。2009 年,保护区外围修建了环区公路,连通了北、西、南 3 个方向。保护区外部景观、土地利用变化研究较少,仅有从林业局尺度和保护区外围 30 km 区域内,分析保护区外围土地利用变化及其驱动力，人口增长和无序地修建旅游设施对该区域森林资源保护带来严峻挑战。

长白山自然保护区在没有进行开发时，外围与自然保护区内多为连接的林地或由林区道路间隔。环区开发后紧邻自然保护区界线的区域，原有林地转变为建设用地，这种土地利用转变会改变区域微环境，从而影响自然保护区内部森林的自然演替。因此，本研究以长白山自然保护区及其周边地区为研究对象，模拟预测研究区土地利用变化及其影响，并针对自然保护区管理提出建议。

本书主要由王玥、谷晓萍、王盼盼编著，刘博参与了第 3 章的编写工作，赵福强参与了第 4 章的编写工作，仲庆林参与了第 6 章和第 7 章的编写工作。限于作者水平，书中的不足之处在所难免，敬请各位专家和广大读者批评指正。书中相关图件可联系作者提供，作者邮箱是 wangyue02064@sjzu.edu.cn。

本书的出版得到国家自然科学基金青年基金项目“外围土地利用变化对长白山自然保护区的生态孤立效应研究”(31372175)的资助，特此表示感谢！

编者

2020 年 1 月 20 日

目　　录

第1章 绪 论

1.1 引 言

1956年，广东鼎湖山自然保护区的建立，标志着我国自然保护区事业的从无到有。到1965年底，全国共建立自然保护区19处，保护区面积达64.9万hm^2。虽然这一阶段内所建自然保护区的数量少、面积小，但为我国自然保护区事业的发展奠定了基础（Cui et al.，2006）。1966年开始的"文化大革命"，使我国刚起步的自然保护区建设事业受到严重挫折，不仅新建自然保护区被停止，而且一些已建保护区也被破坏或撤销。20世纪70年代后期，随着国际上对环境保护问题的日益重视，我国自然保护区建设得到一定程度的恢复，浙江、安徽、广东、四川等省份相继建立了一批新的自然保护区，但发展比较缓慢。到1978年底，全国自然保护区总数也仅34个，总面积126.5万hm^2。1978年后，随着我国改革开放和社会主义现代化建设大规模展开，我国自然保护区事业获得了新的生命力，开始了蓬勃发展的新阶段。截至2017年，我国自然保护区达2 740个，自然生态系统类型自然保护区占70%以上，森林生态系统类型保护区达到了1 422个（表1-1）。

表1-1 2017年我国自然保护区类型及数量

类型	总数量/个	占比/%
自然生态系统类	**1 940**	**70.80**
森林生态系统类型	1 422	51.90
草原与草甸生态系统类型	41	1.50
荒漠生态系统类型	31	1.13
内陆湿地和水域生态系统类型	378	13.80
海洋与海岸生态系统类型	68	2.48
野生生物类	**682**	**24.89**
野生动物类型	522	19.05
野生植物类型	160	5.84
自然遗迹类	**118**	**4.31**
地质遗迹类型	85	3.10
古生物遗迹类型	33	1.20
合计	**2 740**	**100**

在建立自然保护区的起步阶段，为保护区内自然资源，对自然保护区实行封闭式、全面、绝对的保护，不允许动一草一木。但是随着人口的增加、社会经济的发展对资源需求量不断提高，自然保护区封闭式的保护方式面临挑战。最初的政策只注意当地社区生产生活对保护区生态环境的影响，而忽视保护区的建立给社区带来的社会经济效益，在对当地社区不合理的资源利用方式实行明令禁止时，没有为当地找到可持续的替代发展途径，致使保护与发展总处在不断的冲突之中。1985年7月，林业部公布了《森林和野生动物类型自然保护区管理办法》，明确指出有条件的自然保护区，经林业部或省、自治区、直辖市林业主管部门批准，可以在指定的范围内开展旅游活动；自然保护区的居民，应当遵守自然保护区的有关规定，固定生产生活活动范围，在不破坏自然资源的前提下，从事种植、养殖业，也可以承包自然保护区组织的劳务或保护管理任务，以增加经济收入。1994年，我国颁布了《自然保护区条例》，其中明确规定自然保护区核心区内禁止任何单位和个人进入；核心区外围可以划定一定面积的缓冲区，只准进入从事科学研究观测活动；缓冲区外围划为实验区，可以进入从事科学试验、教学实习、参观考察、旅游，以及驯化和繁殖珍稀、濒危野生动植物等活动。

自20世纪90年代以来，我国自然保护区进入了一个快速发展的时期，国家加大了对自然保护区的投资力度，对国家级自然保护区进行了一定程度的基础设施建设；同时随着国家经济发展，人民生活水平提高，对旅游的需求也逐渐旺盛。我国目前有超过80%的自然保护区在大力发展生态旅游，绝大部分森林生态系统类型自然保护区开展生态旅游项目。例如，长白山自然保护区、张家界森林公园、九寨沟自然保护区在发展生态旅游产业方面的经济效益、社会效益显著（赵新勇，2005）。为了满足旅游产业需求、吸引游客、增强旅游接待能力，旅游开发商和旅游经营部门，热衷于在自然保护区内筑路修桥、架设缆车、增开车辆等，为游客提供交通便利。受到《自然保护区条例》的限制，宾馆、娱乐场、饭店与商店等配套设施等只能建在保护区外围，需要配套建设畅通发达的交通网络，增强区域道路通达度，以此提升区域旅游吸引力。旅游产业发展和基础设施建设需要占用保护区边缘及邻近外围乡镇大量土地，这势必会加快这些区域的土地利用变化并对区域自然资源产生影响（Don et al.，2008；Li et al.，2009）。

自然保护区外围土地利用变化改变了自然保护区内外生态过程，自然保护区外的人类活动有可能对保护区内部的生态功能和生物多样性产生影响。随着长白山自然保护区环区公路的建成以及建设用地的大范围扩张，保护区逐渐被孤立。那么如何定量地说明保护区被孤立的程度？保护区外围土地利用变化引起的孤立效应如何影响自然保护区内部的生态系统变化？如果不遏制现在的土地利用变化趋势，保护区内长期的景观格局将如何演变？笔者期望通过研究揭示自然保护区内外联系的生态机制，定量分析外围土地利用变化对保护区的孤立效应，明确生态孤岛对生态系统的长期影响。本研究成果可为合理划定保护区界线，建立有效的管理模式提供科技支撑,为自然保护区外围旅游业发展与城镇化规模找到平衡点,从而为充分发挥自然保护区的生态功能,维护区域生态安全提供科学依据。

1.2 土地利用/土地覆被变化(LUCC)研究现状

1.2.1 LUCC状况研究进展

1995年国际地圈-生物圈计划(IGBP)和国际全球环境变化中的人文领域计划(IHDP)推出详细的LUCC研究计划后,国际上很多机构纷纷开展了一系列研究项目。联合国环境规划署(UNEP)启动了以东南亚为研究区域的"土地覆被评价与模拟"项目;国际应用系统研究所(IIASA)开展了"欧洲和北亚土地利用/土地覆被变化模拟"研究;1996年美国与欧洲空间署等国际组织合作,开展了土地利用/土地覆被的遥感监测工作,并利用遥感信息编制土地覆被图,进行全球植被分类和生物量估算。此外,日本等其他国家和地区也开展了诸如"为全球环境保护的土地利用研究(LU/GEC)"等项目,预测2025—2050年间土地利用变化,为土地资源可持续利用提供决策支持(曹敏,2009)。更多的国际组织和国家启动了各自的土地利用变化研究项目,取得了一系列成果,主要学术流派有北美流派、欧洲流派和日本流派(史培军等,2000)。土地变化科学的焦点问题是:①观测和监测全球不同时空尺度下发生的土地利用/土地覆被变化;②综合理解这种人类-环境耦合系统的变化原因、结果和效应;③空间显性模拟土地利用/土地覆被变化;④全面评价土地系统的功能和价值,如脆弱性、弹性和可持续性等(唐华俊等,2009)。由于人们认识到仅仅把研究对象限定在LUCC的发展变化规律上已不再符合可持续性发展的要求,研究的重点转移到对人类-环境耦合系统可持续发展问题的研究上。研究方法越来越注重多学科、多尺度的综合研究,力求在统一的理论体系指导下,建立多尺度的、动态的、空间明确的综合模型(李学梅等,2008)。例如,LUCC项目在2005年正式结束,标志着全球变化与陆地生态系统综合研究进入全球陆地保护(global land project,GLP)阶段,该研究把人类与环境耦合的陆地系统作为研究重点,对人类-环境耦合系统间的相互反馈开展综合研究,从而增进人类对地球系统运行状态变化及其造成的社会、经济与政治后果的理解(刘纪远等,2009)。

20世纪80—90年代,国家土地管理局主要对中国土地利用的发展变化规律、特点及土地资源潜力进行了研究,并作出了全国土地利用的总体规划。"八五"期间,中国科学院启动并完成了"国家资源环境遥感宏观调查与动态研究"项目,实现了全国范围的资源环境调查并建立了相应的技术系统。科学技术部在"九五"期间设立了"国家级基本资源与环境遥感动态信息服务体系的建立"科技攻关课题,在全国范围内建成了1∶10万比例尺土地利用数据库。20世纪90年代是LUCC研究空前繁荣的阶段，遥感技术的进步使得高分辨率的数据（Landsat TM、SPOT、Quick Bird等）越来越多地应用到土地利用变化研究中，LUCC研究逐渐呈现“从全球到区域，从自然到人文”的发展趋势（路云阁等，2006）。利用不同时空分辨率的遥感影像，进行不同时期的土地利用和土地覆被数字制图，中国LUCC时空过程基本特征得到了刻画与表征。

中国科学院地理科学与资源研究所开展了环渤海地区土地利用变化、典型地带土地利用/土地覆被变化现代过程和驱动因子、黄淮海平原土地利用变化驱动力以及我国21世纪可持续发展中重大问题等一系列研究。早在1998年，北京师范大学已经开始研究土地利用与覆被变化及其对农业生态系统的影响（史培军等，1999）以及NTEC样带的土地利用和土地覆被等（康慕谊等，2000；石瑞香等，2000；赖彦斌，2002）。另外，龙楼花等进行了长江沿线样带的LUCC研究，包括土地利用格局、驱动机制和时空模拟（龙楼花等，2001）。

中小尺度的土地利用变化研究有利于对特定区域的土地利用变化的过程、影响因素等进行较深入的研究，总结分析土地利用变化的自然和人文驱动力，预测未来的发展趋势，指导这一区域的土地利用规划和治理。土地利用变化研究主要集中于生态环境脆弱区与热点地区（李扬，2010）。人类对土地不合理的利用，造成了区域生态环境的破坏，带来了一系列的生态环境问题。脆弱生态地区的研究主要针对矿区（陈龙乾，2002；胡召玲等，2007）、黄土地区（史纪安等，2003）、绿洲地区（王国友，2006；王伯超等，2007）、干旱地区（成军锋，2010）、荒漠化地区（王萨仁娜，2004）、喀斯特生态脆弱区（彭建，2006）等。热点区域LUCC的研究集中在城市边缘地区（姜广辉等，2005；倪少春等，2006；唐秀美等，2010），经济发达地区、沿海地区（何书金等，2002；程江，2007）及重要生态功能区，如自然保护区（焦明等，2007；吕铭志，2010）、河流、湖泊区（冯异星等，2009；谢芳等，2009；许月卿等，2010）。

1.2.2 LUCC模型研究

LUCC模型是对人类-环境耦合系统的一种抽象或有意义的比喻。它将土地变化系统中的现实问题归结为相应的数学问题，并在此基础上利用数学的概念、方法和理论进行深入的分析和研究，进而从定性或定量的角度来刻画实际问题，并为解决现实问题提供数据或可靠的指导。目前，LUCC模型类型很多，不同学者从不同角度对模型进行了类型划分。例如，根据模型所研究的LUCC过程可将模型划分为林地模型、城市模型和农业模型等；根据模型的空间尺度可划分为区域模型、国家模型和全球模型等。最为常用的模型划分方法是基于模型建立的理论方法来划分的。例如，最粗略的方法简单地将模型划分为地理模型和经济模型；较为详细的方法将模型分为空间统计模型、系统动力学模型、元胞自动机模型、基于主体的模型以及综合模型等（朱利凯等，2009）。

利用空间统计模型多变量统计方法，分析过去土地利用变化发生的时间和地点以及变化发生的原因。该模型用来研究因变量和一个或多个自变量之间的关系，主要有线性回归、Logistic 回归、Logit 变换、多层统计分析等类型。基于不同特征的因变量可以选择不同的回归方法。上述模型在土地利用转变、土地利用集约化、森林采伐等领域建模中得到广泛应用，回归分析主要用来识别变化的驱动因素，对驱动因素与土地利用变化之间的相互作用进行定量。

系统动力学模型是建立在控制论、系统论和信息论基础上，以研究反馈系统的结构、功能和动态行为为特征的一类动力学模型。其突出特点是能够从宏观上反映土地利用系统的结构、功能和动态行为之间的相互作用关系，从而考察系统在不同情景下的变化和趋势，为决策提供依据（蔺卿等，2005）。系统动力模型通过分析过去土地利用变化发生的时间和原因，能够预测未来土地利用变化发生的时间。系统动力学作为一种从系统内部关系入手的系统与综合的研究方法，对于数据要求不高，但缺乏空间概念，使模型的结果很难在空间上进行直观表达（解靓等，2008）。李景刚等学者整合系统动力学模型和元胞自动机模型，基于宏观需求和微观供给平衡的假设，模拟了北方 13 个省份土地利用变化（李景刚等，2004）。

元胞自动机（cellular automata，CA）模型被用来研究自组织系统的演变过程，是定义在一个由具有离散、有限状态的元胞组成的元胞空间上，并按照一定局部规则在离散的时间维上演化的动力学系统。元胞自动机由有限、均分的阵列构成。它们等间距地排列在一维直线上，或者分布在二维平面或三维空间中的规则格网上。每一个结点相当于一个数学元胞，每个元胞都具有一个有多种可能的状态值，它们在离散的时间进程中按某种局部规则同步地更新。一个 CA 系统通常包括 4 个要素：元胞、状态、邻域范围和转换规则。元胞是 CA 的最小单位，状态则是元胞的主要属性。根据转换规则，元胞可以从一个状态转换为另外一个状态，转换规则是基于邻域函数来实现的。元胞自动机是一种时间、空间和状态均离散，空间的相互作用及时间上的因果关系皆为局部的格子动力学模型（胡伟艳等，2007）。

元胞自动机在土地利用变化、交通领域、森林火灾、景观模拟、地表流模拟、传染病传播等领域均有应用。元胞自动机的优点在于它可以模拟复杂系统的行为，并能实现对系统未来发展状况的情景分析。Couclelis（1985）较早使用 CA 模拟城市的发展，试图研究复杂系统理论和城市动态变化之间的联系，并尝试将 CA 用于城市规划。该研究表明，CA 同样可以用来研究各种不同的城市动态格局的形成过程。黎夏于 20 世纪 90 年代开始用叶绿素元胞自动机模型模拟土地利用变化。学者们分别尝试不同的转换规则算法模拟城市发展形态，确定转换规则方法有主成分分析法（黎夏等，2007b）、案例推理 CBR 方法（黎夏等，2007a）、神经网络（黎夏等，2005）、遗传算法（杨青生等，2007）。孙战利（1999）利用地理元胞自动机系统，设计了 12 个试验来讨论土地利用的面状扩展、城市中街道的线性增长以及二者耦合在一起的综合性增长模式，实现了城市发展过程的实时可视化。CA 模型的缺点主要体现在模型结构、变量以及参数估计方面存在较大的不确定性。数据本身的误差和模型的局限性都直接影响模型的有效性。另外，CA 模型的结构导致无法有效地将具体的政策影响容纳到模型中（邓祥征，2009）。

20 世纪 90 年代以来，随着复杂性科学思潮的兴起，基于多智能主体分析的模型开始在土地利用/土地覆被变化研究领域得到应用，基于智能体（agent）的土地用/土地覆被变化模型（ABM/LUCC）也逐步建立起来。可用于土地系统动态模拟的 ABM 主要分 2 类：①描述景观尺度的模拟模型，主要依托一些传统的空间模拟技术与方法；②表述人类决策和行为者相互作用的模拟模型，主要通过描述各独立行为者之间的相互作用和关系，来确定行为者和环境之间的联系（邓祥征，2009）。ABM 与元胞自动机模型结合，既有元胞自动机的自组织性，又考虑了多智能体系统各主体的复杂空间决策行为，可以为地理复杂系统的模拟提供新思路，还可以解决多智能体系统缺乏空间概念的问题，从而增强模拟结果的多目标决策价值和多尺度特征，充分表征土地系统宏观结构变化的过程。

Benenson 根据居民的经济状况、房产价格变动以及文化认同性等模拟了城市空间演化的自组织现象和分异现象（Benenson and Torrens，2006）。Ligtenberg 提出了一种融合多智能体和元胞自动机的土地利用规划模型，该模型认为土地利用规划取决于空间功能转换而不考虑自然条件差异性（Ligtenberg et al.，2001）。黎夏等（2007b）建立了较为完整的基于多智能体的城市土地利用变化模型，模拟出包括局部个体相互作用的多智能体层外，还包含了从 GIS 获取的环境因素层，试图更好地反应复杂的人文因素及其环境的相互作用。模型以广州市海珠区为例，总精度达到 78.6%（刘小平等，2006；黎夏等，2007b）。

土地利用动态模拟综合模型，就是将不同的模型有机地综合起来，以寻求最合适的解决问题的手段，该模型综合了各种模型的优点，既考虑空间特征又考虑非空间特征，既利用经验建模又注重模型的演绎能力，既基于主体进行模拟又基于像元来表征，等等（朱利凯，2009）。综合模型包括评价模型和模拟模型两大部分。在模拟模型中利用评价模型的参数预测外生变量的变化引起土地利用变化空间模式的变化。早期建立的模型是基于简单栅格的马尔可夫模型（Markov model，简称 Markov 模型），通过建立转换矩阵，根据某时间段土地利用变化率预测未来的变化。Markov 模型适用于预测土地利用时间变化的原因在于转换矩阵可反映土地利用所有方向上的变化，但该模型更适用于描述过去土地利用发生的变化，对于未来土地利用变化的模拟缺乏空间性。随着综合模型的研究不断增强，很多其他领域模型被引入 LUCC 研究中。综合模型还包括 CLUE 模型及其改进的 CLUE-S 模型、IMAGE2 模型、IIASA-LUC 模型、Landscape 模型、ITLUP 模型等。

CLUE-S 模型首先在宏观尺度上确定某一区域的 LUCC 总体速率和数量特征，然后将这些宏观尺度的土地利用总需求变化向低层次的空间单元逐级进行配置，一直到最小的微观地理单元。各层次的土地利用配置格局由该水平层次上的生态环境和社会经济因子综合作用决定。Verburg 等运用 CLUB-S 模型在不同尺度上进行了研究，对欧洲未来30年间的土地利用格局变化进行了模拟，并选择了经济全球化、欧洲大陆市场化、全球协作、区域一体化4种情景模拟了欧洲大陆的土地利用变化情况。同时也将模型应用到中小尺度进行模拟，如厄瓜多尔（Verburg et al.，1999）、林缘地带（Verburg et al.，2010）。Overmars等（2011）以菲律宾吕宋岛东北部的卡格扬河流域为研究区，对比了归纳法和演绎法构建的土地利用类型概率分布适宜图，并运用CLUE-S模型模拟研究区的土地利用格局。国内的应用案例主要集中在2004年以后。摆万奇等（2005）运用CLUE-S模型对大渡河上游土地利用进行了动态模拟，应用Logistic回归确定地形、海拔、水系、道路交通、城镇和居民点等因子分布概率，分别以1967年和1987年土地利用空间数据模拟了1987年和2000年的土地利用空间状况，Kappa值分别达0.86和0.89。段增强等（2005）应用改进后的模型CLUE-SⅡ，引入动态计算的邻域分析因子，可以对土地利用变化中的自发过程、自组织过程和土地利用类型间的竞争进行模拟，对北京市海淀区1991—2001年土地利用变化进行多方案模拟。CLUE-S模型已经应用在很多区域的土地动态模拟研究中，如邯郸市（蔡玉梅等，2004）、南京市（盛晟等，2008）、广州市（王健等，2010）等。周锐等（2011）在乡镇尺度上，从城镇土地利用发展趋势、耕地保护和生态安全角度设计了目前趋势发展、城镇规划和基本农田保护、生态环境保护3种预案，对江苏省辛庄镇土地利用变化进行相应约束，利用CLUE-S模型模拟不同预案下辛庄镇未来20年土地利用变化过程。CLUE-S模型模拟结果能较好地反映不同约束条件下的未来土地利用变化以及潜在生态风险。

CLUE-S模型在国际和国内的应用案例均已证明该模型能够精确模拟小尺度土地利用变化空间格局。不同于以往的土地利用变化数量模型，CLUE-S模型运用系统论的方法可处理不同土地利用类型之间的竞争关系，实现对不同土地利用变化的同步模拟，且可将模拟结果直观地反映在空间位置。其空间分配模块通过多次迭代计算，调整分配总概率，使各土地利用类型分配面积与土地需求相匹配，这种通过多次迭代循环，调整迭代变量大小的算法，保证了计算精度。CLUE-S模型是理想的土地利用变化空间模拟模型，在土地利用规划、城市规划等领域有着广阔的应用前景（王丽艳等，2010）。

土地系统动态模拟系统（DLS）以土地系统为研究对象，以区域用地结构变化均衡理论和栅格尺度用地类型分布约束理论为依据，综合考虑驱动区域土地系统结构变化的自然控制因子和社会经济驱动因子。在情景分析的基础上，定量地研究它们之间的动态反馈关系，揭示土地系统结构变化与格局演替的机理，模拟区域土地系统演化时空格局。DLS模型区别于CLUE-S、CA、ABM等模型，主张从系统的角度，综合模拟所有用地类型宏观结构的变化，在精细的栅格水平上构建空间显式的土地系统结构变化与影响因素的空间统计模型，定量分析不同因子的驱动作用，并倡导基于对区域社会经济发展特征、文化传统、自然条件以及土地利用历史趋势等多种因素的综合考虑，发展区域用地结构变化的不同情景，从而增加预测及其评估结果的科学性与合理性。众多案例研究表明，DLS能够通过测度自然和社会经济驱动因素的影响来实现土地利用变化动态模拟。例如，对内蒙古太仆寺旗土地利用变化时空格局案例研究的模拟偏差幅度控制在了8%以内，预测结果基本反映了不同情景下区域用地结构的时序演替规律（邓祥征等，2009）。

关于模型验证，首先要区分模型校正和模型验证。模型校正是仔细检查数学公式和计算机程序以保证没有运算方面技术问题的过程，其目的是保证概念模型的数量化是直接的和确切的，模型校正与模型的真实性、准确性和合理性并无任何直接关系。模型验证是模拟结果与现实世界一致性的检验，用来评估模型结果和独立参考数据间的一致性和拟合度，如果两者的匹配关系越好，则说明模型对现实世界描述和抽象的精度高。LUCC 模型验证内容常常涉及对模型结构和变量间关系合理性的检验、模型输出结果与实际观测值的比较分析、模型的敏感性分析以及模型的不确定性分析，实际上是对 LUCC 数量变化和空间位置变化进行验证，模型模拟的土地利用各类别的空间分布和参考数据的土地利用各类别空间位置接近程度（唐华俊等，2009）。模型验证的方法众多，模型发展初期，以简单的视觉验证和专家知识验证等为主，这种方法虽然简单直接，但由于过多主观因素影响，很难具有客观性。因此，由其他学科引入的客观参数或统计量成为模型验证的主流方法。LUCC 模型验证的大多方法来自统计学，对线性回归模型常用统计量有相关系数（R_2），R_2 越大说明模型拟合程度越好；对于非线性回归模型（如 Logistic 模型），评定方法有类决定系数 Kappa 系数和 ROC 曲线等。此外，Kappa 系数也广泛应用于图件一致性检验。还有其他方法也在 LUCC 模型验证中得到了应用，如景观指数法和模糊集法等。虽然 LUCC 模型得到了很好的应用，但目前还没有一个评价模型结果和参考数据吻合程度的统一标准和规范。Pontius 等（2004）提出了一个衡量模型验证效果的基本标准，就是模型模拟结果和参考数据的相似度必须高于该参考数据和零效模型的相似度，否则，模型验证不是理想的。

模型验证依据的参考数据也十分重要，其数据质量的优劣直接决定模型验证效果。这些数据必须是不同于模型建立所适用的输入数据，在时间或空间上是独立的。时间上的独立数据指参考数据和模型的输入数据来自同一区域，但在时间上的明显差异；空间上的独立数据指参考数据和输入数据在时间上一致，但在空间分布上有所不同。此外，任何模型验证过程都是具有尺度依赖性的。因此，近年来，很多学者提出了基于多尺度的模型验证方法，检查模型对于尺度的敏感性和有效性（吴文斌等，2007）。

1.3 自然保护区外围研究现状

前人已经关注到了自然保护区周边地带的人口和土地利用变化（Wittemyer

et al.,2008)。对45个国家306个保护区边缘地区的人口数量变化研究发现,处于保护区边缘地带的人口增长率几乎是农村人口平均增长率的2倍。人口的集聚是自然保护区周边土地利用变化的重要驱动因素,保护区周边城镇化趋势明显,而旅游增长也加剧了区域土地利用变化。薛其福(2004)研究了九寨沟县的土地利用/土地覆被变化,其目的是研究保护区周边城市化对自然资源利用产生的影响。董仁才等(2008)分析了旅游业发展对泸沽湖周边地区土地覆被变化的影响,认为虽然旅游业的发展使得农民离开农田,但这可以认为是一种区域森林、草地、湿地资源的保护方式。建设居住用地的大规模增加对区域生态系统的影响正在加剧,未来应该重新评估旅游业的发展对区域生态系统的潜在影响。旅游增长对保护区周边的经济增长、消除贫困起到了重大作用,但也引起了水、大气、土壤、动植物等环境问题。上述研究通过定量分析,已经明确了自然保护区周边土地利用的变化及其驱动力。旅游增长作为重要的驱动因素之一,对自然保护区的影响是双向的,由此引起的生态环境问题已经引起学者的广泛关注,但是由旅游增长驱动保护区周边土地利用变化对保护区内部产生的间接影响却被忽略了。

关于长白山地区土地利用变化或景观格局的研究多选择自然保护区内作为研究对象。一般通过野外调查、遥感和地理信息系统相结合的方法来研究长白山自然保护区内森林景观边界的动态变化规律,探讨森林景观破碎化过程与景观边界指数变化的关系。由于森林砍伐和毁林造田以及其他人类活动的影响,长白山森林景观的破碎化程度趋于增加,景观边界形状趋于复杂(赵光等,2001;常禹等,2003;常禹等,2004;赵建军等,2011)。1972—2007年,自然保护区内部景观格局、森林资源变化均有深入研究(Zheng et al.,1997;于德永等,2004;Tang et al. 2010;Tang et al.,2011)。自然保护区外部景观、土地利用变化研究较少。Zhao等(2011)从林业局尺度分析了保护区外围土地利用变化及其驱动力,指出人口增长和无限制的修建旅游设施对区域森林资源保护带来了严峻挑战。以林业局的研究尺度界定长白山周边地区的范围过宽,而修建旅游设施等土地利用变化多分布在保护区外30 km以内,这样可能会导致低估土地利用变化的影响。随着长白山自然保护区环区公路和众多旅游地产项目的竣工,长白山自然保护区逐渐被人为景观包围,这一生态孤立现象并没有引起学者的关注。

国外学者早在2005年就提出了自然保护区正逐渐被孤立的趋势,通过对自然保护区周边土地覆被和土地利用的变化以及栖息地数量、大小或形状的变化来说明这一趋势。无论从数量的统计角度还是对具有代表性的保护区研究都验证了这一结论。国外学者在此基础上,试图通过自然保护区内外的生态联系来解释外围区域土地利用变化对保护区内部的影响。有研究认为,自然保护区及其周边区域构成了一个更大的生态系统,周边区域部分土地利用变化可能导致生态系统的重构,从而影响自然保护区内的生态功能和生物多样性。城市扩张、旅游、基础设施建设会不同程度地引起保护区有效面积、生态过程、重要栖息地的变化及边缘效应。上述研究侧重于对自然保护区周边土地利用变化及自然保护区自身孤立程度的定量描述,而对这种孤立效应的作用机制和对自然保护区的长期影响尚未十分明确,导致未来对自然保护区外围土地利用的规划和管理模式的提出形成制约。

第 2 章　长白山自然保护区概况

2.1　研究区概况

本研究区域为距长白山自然保护区区界直线距离外围 30 km 和 10 km 的区域。研究区域内有 10 个镇，分别为二道白河镇（别名二道镇）、露水河镇、两江镇、松江河镇、松江镇、泉阳镇、漫江镇、东岗镇、十四道沟镇、长白镇；5 个国有森工企业，分别为白河林业局、露水河林业局、泉阳林业局、松江河林业局及临江林业局①。十四道沟镇和长白镇位于吉林省长白朝鲜族自治县东南部，距长白山自然保护区界直线距离 30 km 左右，地形复杂，与保护区交通通达性较差，保护区辐射作用有限。

2.2　长白山自然保护区概况

2.2.1　自然概况

长白山自然保护区（41°41′49″～42°25′18″N，127°42′55″～128°16′48″E）位于亚洲大陆东部，濒临太平洋，地处吉林省东南部，地跨延边朝鲜族自治州的安图县和浑江地区的抚松县、长白朝鲜族自治县（简称长白县），东南与朝鲜毗邻，总面积为 196 465 hm^2。长白山自然保护区始建于 1960 年，是我国面积最大、自然环境和生态系统保存最为完整的森林生态系统保护区之一。1979 年长白山自然保护区被联合国教科文组织纳入“国际人与生物圈计划”保护网，成为“世界生物圈保护区网”的成员。1986 年国务院批准长白山自然保护区为国家级自然保护区。由于特殊的自然条件及历史、社会因素，长白山成为我国乃至全球自然生态系统保存最为完整的地区之一，具有保存尚好的亚洲东部典型的山地森林生态系统。

长白山地区靠近太平洋的东亚沿海，属于典型的大陆性季风气候，冬季漫长，

---

①　此处林业局为国有森工企业简称或旧称，全称见 16～17 页。

春秋短，夏季气温较高，降水充沛，70%～80%集中于生长期，水热同期。降水量和湿润程度由低海拔向高海拔有逐渐增加的趋势。阔叶红松林带(500～1100 m)一年之内接受的太阳总辐射能量为 121.76～123.18 kcal/cm^2；年平均气温为 0.9～3.9 ℃，最冷月(1 月)平均气温为－18.6～－16.7 ℃，最热月(7 月)平均气温为 17.4～20.7 ℃，≥10 ℃的积温共计 1 759～2 406 ℃；年降水量为 632.8～782.4 mm，6—9 月集中了 71%的降水；无霜期 104～130 d(谢小魁，2010)。

长白山是一座较为“年轻”的活火山，它的形成约有 200 万年的历史。地形条件有利于形成湿润的气候和排水良好的土壤。长白山北坡土壤垂直分布带谱从下至上依次为：暗棕壤(红松阔叶林及阔叶林，海拔 250～1 200 m)—山地棕色针叶林土(云杉、冷杉，海拔 1 200～1 800 m)—亚高山草甸森林土(亚高山岳桦矮曲林，海拔 1 800～2 100 m)—亚高山草甸土(亚高山灌丛草甸，海拔 2 100～2 744 m)。根据土壤形成的条件不同，本地带性土壤又可分为暗棕色森林土、白浆化暗棕色森林土、草甸暗棕色森林土等。

长白山林区是以长白山地为主体的林区，位于东北三省的东南部，总面积约为 12 万 km^2(包括辽宁东部山区，约 2.5 万 km^2)，西北与小兴安岭、松辽平原接界，东南与俄罗斯远东和朝鲜为邻，东北接三江平原，西南接辽东半岛。本区北部为低山丘陵，有完达山、张广才岭等山地，中部为老爷岭。植物区系属典型的长白植物区系，主要植被类型为红松与阔叶混交林，本区森林植被垂直分带性明显(谢小魁，2010)。

从长白山自然保护区的边缘到山顶，高程相差近 2 000 m，而水平距离仅 40 km 左右。剧烈的海拔高度变化，导致水热和土壤类型的明显差异，造就了长白山丰富的自然植被类型和明显的分布带谱，涵括了从温带到极地水平上数千公里的植被类型，构成了独特的自然景观格局，汇聚了欧亚大陆从中温带到寒带主要的植被类型。

2.2.2 经济概况

长白山自然保护区功能区划分为核心区、缓冲区和实验区。1999 年 4 月 16 日，国家林业局《关于吉林长白山国家级自然保护区总体规划的批复》(林计发〔1999〕110 号)确定，长白山国家级自然保护区位于环绕长白山天池北、西、南三面，海拔在 720～2 691 m 之间的心脏地区，经营总面积 196 465 hm^2，东西宽 48 km，南北长 80 km。其中，核心区面积 128 312 hm^2，占经营总面积的 65.3%；该区域保存着较完整的森林生态系统和垂直分布带，将成为生态监测的原始对照地；该区域严格禁止人为活动。缓冲区面积 20 043 hm^2，占经营总面积的 10.2%，绝大部分位于核心区与实验区之间；该区域主要位于松江河至长白县公路两侧和风灾区，区内将设立环境监测的标准地和观测站；该区域限制人为活动。实验区面积 48 110 hm^2，占经营总面积的 24.5%；该区域既能对核心区进行隔离和保护，又能有计划地开展科学研究和资源开发的实验活动,同时还具有开展宣传、教育、培训、旅游等活动和生活区的功能,旅游活动主要在这一区域开展(李文生,1988;金真,2006;吉林省长白山保护开发区,2012)。

长白山旅游接待人数从20世纪70年代开始的几百人、几千人次上升到目前的近百万人次。长白山客源分为国内和海外2种,其中国内客源市场占市场总额的80%,海外客源市场占市场总额的20%。国内市场以省内的长春市、吉林市、白山市、延边朝鲜族自治州和通化市为主,主要是游客利用节假日的休闲、观光和游览活动,多为近距离和短期旅游。此外,国内市场还包括辽、黑及部分华北地区,以及东南沿海经济和旅游发达地区(主要是珠江三角洲和长江三角洲地区)(徐贶胤,2008)。长白山自然保护区的旅游收入逐年递增,占吉林省旅游总收入的比例较大,尤其是国际旅游收入,占吉林省旅游国际收入的40.07%,长白山自然保护区在吉林省旅游中占有重要地位。长白山自然保护区旅游产业结构不断升级,基本形成了旅游服务业、旅游交通业、旅游餐饮业、景区管理业在内的综合产业体系,呈现出多元化的发展格局。

2.3　保护区周边乡镇概况

2005年,吉林省政府为加大对长白山自然保护区的保护力度,加快培育吉林省旅游优势产业,实现对长白山的统一规划、保护、开发和管理,成立了吉林省长白山保护开发区管理委员会(简称长白山管委会)。长白山管委会管辖范围为长白山保护局、延边朝鲜族自治州安图县安图长白山旅游经济开发区(含二道白河镇)、长白山和平旅游度假区、白山市抚松县抚松长白山旅游经济开发区、长白县长白山南坡旅游经济园区,辖区面积约为6 718 km^2。长白山管委会为省政府直属机构,由省政府授权对相关区域按开发区模式进行管理。本节按照行政区划进行概况介绍,但在土地利用变化研究中考虑时间上的可比性,依然以乡镇为单位进行分析。

1. 池北区

池北区隶属长白山管委会,由原二道白河镇区、白河林业局、长白山自然保护管理局组成。地处长白山北坡脚下,东与和龙县以及安图县的松江镇、三道乡接壤,西与白山市的抚松县相连,南与朝鲜隔山相望,北与安图县的小沙河乡、两江镇毗邻。距吉林省省会长春550 km,距延边州政府所在地延吉市210 km,距长白山旅游机场60 km,距长白山天池44 km,是进出长白山北坡的门户。池北区境内的河流比较密集,源自长白山脉,属松花江水系。该地旅游资源丰富,素有“美人松的故乡”的美誉。

2005年,地方生产总值完成3.58亿元,同比增长15.3%。其中第一产业完成0.36亿元,第二产业完成1.68亿元,第三产业完成1.60亿元;财政收入完成

939.6 万元，同比增长 10.7%；完成招商引资额 26 597 万元，同比增长 120.5%。2005 年人口为 51 347 人，其中非农业人口 43 801 人。人口自然增长率 3.95‰，农民人均纯收入 2 794 元。

2. 池西区

池西区（原东岗镇）中心城区东南距抚松县城 45 km，东距长白山天池 80 km，与泉阳镇相连，北部与松江河镇毗邻。中心城区距长春与沈阳市均为 400 km 左右，302 省道从城区东侧穿过，由白山市通往二道白河镇的铁路在中心城区北侧通过。池西区人文资源主要是周边的旅游资源，具体包括世界闻名的长白山自然保护区，以及周边的森林、水体、洞穴、历史古迹等独立景观。

池西区经济发展速度很快，2004 年末，东岗镇实现国内生产总值 6 798 万元，其中，第一产业增加值为 3 510 万元，第二产业增加值为 1 730 万元，第三产业增加值为 1 558 万元，农民人均收入达 4 099 元，实现全口径财政收入 178 万元。抚松国营第一叁场实现国内生产总值 1 677 万元，其中，第一产业增加值为 1 025 万元，第二产业增加值为 250 万元，第三产业增加值为 402 万元。产业发展主要是围绕区域内丰富的林产资源、野生动植物资源和旅游资源而发展的林产品加工业及绿色食品加工业。长白山西坡池西区东岗镇 2004 年总人口为 13 898 人，其中非农业人口 4 330 人。长白山西坡旅游业发展速度很快，从 1994—2004 年，游客人次增长 12 倍。

3. 池南区

池南区（原漫江镇）隶属于长白山管委会，距长白山机场 13 km，距抚松县 62 km，距长白县 78 km，东与朝鲜接壤，西南部同临江市相邻，西北与抚松县仙人桥镇（原西岗乡）相接，东南与长白朝鲜族自治县为邻，北与池西区相连。池南区域内河流纵横，漫江是池南区境内的主要河流，在境内长约 45 km，宽约 50 m，源自长白山脉东南部。

2005 年末，池南区管委会所在地 6 km^2 范围内总户数为 1 450 户，3 590 人（包括原漫江镇漫江村的户数人口、原镇直户数人口和其他常驻户数人口）。其中，非农业人口户数 274 户，共 573 人。2005 年，池南区国内生产总值为 4 497 万元，第一产业增加值为 2 264 万元，第二产业增加值为 845 万元，第三产业增加值为 1 388 万元。财政全口径收入 142 万元（其中本级收入 51 万元），农民收入构成中 50%来自参业、30%来自副业、20%来自农业，是一个以多种经营为主的特色经济区。农民人均收入达到 3 891 元。

4. 松江河镇

松江河镇位于白山市抚松县东南部，全镇行政区域面积 189.81 km^2，城区面积 12 km^2。松江河镇自然资源极为丰富。在森林资源方面，行政区域内有林地面积 20 万 hm^2，森林覆盖率 89.2%，立木蓄积量 4 350 万 m^3。人参、党参、天麻等名贵药用植物300多种。在旅游资源方面，长白山西坡风景旅游区、长白山大峡谷距镇区仅68 km，旅游业正在成为镇域经济新的增长点。

得天独厚的旅游资源、交通、区位、基础设施等方面的优势，使松江河镇成为生态旅游的重地、区域性的购物中心和吉林省东部山区重要的林特产品集散地。从2000年开始，松江河镇以建成国内一流的“长白山森林旅游城”为目标，开发以旅游业为主的第三产业，以此为标志，松江河镇第三产业进入新的发展阶段。在此期间，建成了“长白山旅游购物一条街”“长白山漂流”等新景点6处，建成了松江河商贸中心、百货大楼、松林综合商场等综合性购物场所共19 000 m^2，新增个体工商户238户，达到1 350户，依法规范完善了镇内旅游餐饮业、旅游服务业、旅游交通运输业。松江河镇区位优势独特，铁路、公路交通极为便捷，通白铁路横贯镇内，松抚公路、长松省二级公路都经过松江河镇。松江河镇是附近三镇二乡的交通中心和贸易中心，是吉林省东部山区最大的林特产品集散地，同时也是长白县通往白山市区的门户。长白县经过松江河镇中转的人数每年约4.5万人次，经过松江河镇的年物资运输总量达3万t。2005年松江河镇实现国民生产总值12.69亿元，全口径财政收入5 043万元，城镇居民人均可支配收入5 250元，农村人均纯收入4 430元，综合经济实力位居全县前列。2005年被国家发展和改革委员会列为全国“百强镇”暨“全国发展改革试点小城镇”。

5. 泉阳镇

泉阳镇位于长白山腹地，隶属抚松县，位于抚松县东部，距县城22.5 km。东与安图县相交，南与松江河镇毗邻，西与兴隆乡相连，北与北岗镇、露水河镇接壤，辖区面积619.9 km^2。泉阳镇森林资源丰富，大多集中在泉阳林业局，林地面积839 km^2，森林覆盖率为85%。

镇内有丰富的森林资源、水利资源、野生动植物资源、矿产资源、旅游资源，并具有广阔的开发潜力。长白山自然保护区位于泉阳镇东南部，与泉阳林业局抚安林场马鞍山接壤。在泉水林场有一风光秀丽的泉阳湖，湖水来自上游的地下天然泉水，湖内盛产虹鳟鱼、金鳟鱼、三文鱼、昌鱼等名贵鱼种。湖的对岸建有长白山啤酒厂、泉阳泉矿泉水厂、长白山天然生态食品有限公司泉阳分公司。长白山区具有丰富的自然资源，积极开展资源的加工利用，是泉阳镇地域经济的主导方向。该镇积极探索自然资源的深加工，提高产品的附加值，开创名优产品，经济发展迅速，已经初步成为天麻药材的集散中心。产量丰富的水厂有2个，年产量达10万t。该镇交通条件便利，通信设施发达，供水、供电系统都已初具规模，能够满足人民的生活需要。

6. 其他乡镇

露水河镇位于抚松县的东北部，距抚松县城87 km，东与安图县接壤，南与泉阳镇相邻，北以沿江乡相连，东西长40 km，南北长36 km，总面积855.7 km^2。露水河镇区自然资源丰富，全镇区林地面积2 565 hm^2，森林覆盖率78.5%，木材蓄积量 27 776 m^3，是吉林省主要木材生产基地之一。露水河镇主要粮食作物有玉米、大豆、谷类等，主要经济作物有人参、木耳、天麻、贝母、西洋参、沙参等。到2003 年末农业总产值 4 200 多万元。主要经济作物产值 2 900 多万元，经济作物已成为农村经济的主流。露水河地区交通以铁路、公路运输为主，201 国道穿越本镇，铁路总长 27 km，公路总长 16 km，全镇有各类车辆 1 200 辆，已构成铁路、国省公路、地方公路的交通网络。

两江镇地处长白山北坡林区腹地，东距安图县 108 km，北离敦化市 120 km，南邻白河火车站 30 km，西去桦甸市 160 km，全镇幅员 506 km^2。全镇森林覆盖率 93%，河流较多，松花江和富尔河在两江镇汇合。

松江镇坐落长白山脚下，位于安图县南部，距长白山 87 km，北与永庆乡相接，西与二道白河镇相连。2003 年实行乡镇合并，原小沙河乡、三道乡合并到现在的松江镇。2007 年松江镇镇社会总产值完成 43 853 万元，农村经济总收入实现 23 108 万元，财政收入完成 1 000 万元，居民人均收入 9 700 元，农民人均纯收入为 4 562 元，第三产业及民营产值实现 20 465 万元，第二产业实现总产值 16 292 万元，生产型企业实现产值 15 352 万元，矿产业实现产值 940 万元。

2.4 周边林业局概况

1. 白河林业局

白河林业局（长白山森工集团白河林业分公司）位于长白山腹地，森林总经营面积 19 万 hm^2，总资产 4.3 亿元，是吉林省森林资源最丰富的森工企业之一。

白河林区蓄精蕴奇，物华天宝，白河林业局距长白山主峰仅 60 km。这里不仅有天池、瀑布、温泉等独特的自然景观和驰名中外的“美人松”，还蕴藏着丰富的矿产资源、水利资源和动植物资源，林下可食性植物、药用植物、浆果类食物、菌类食物、山野菜等山珍特产驰名中外，是“绿色的天然食品库”“长白山大型天然矿泉水基地”，也是松花江、图们江与鸭绿江的“三江之源”。

2. 露水河林业局

露水河林业局（吉林森工露水河林业有限公司）地处长白山山脉西北部，介于东经 127°29′～128°02′，北纬 42°24′～42°49′之间，东西宽 47 km，南北长 52 km，经营面积 120 934 hm^2。截至 2014 年末，活立木蓄积 21 398 874 m^3，成过熟林蓄积 16 623 623 m^3，占总蓄积的 77.6%，森林覆盖率 95.2%。经营区内 87%的面积为天然林，是长白山植物区系顶级群落的中心地带，有着丰富的野生动植物资源、矿产资源及长白山森林生态旅游资源。拥有 1.2 万余 hm^2 亚洲最大的红松母树林和全省仅有的吉林森工集团首家国家 AAAA 级旅游景区长白山国际狩猎场，被原国家林业局授予“红松之乡”的美誉。

3. 泉阳林业局

泉阳林业局(吉林森工泉阳林业有限公司)始建于1959年,为吉林森工集团成员企业。地处吉林省东南部、白山市抚松县境内,位于长白山西北麓,距长白山西坡、北坡均为50 km,是长白山水上旅游线路的必经之路。施业区经营面积106 638 hm^2,有林地面积9.5万hm^2,森林覆盖率91.6%,活立木总蓄积1 377万m^3。企业在册员工1 889人,林区总人口34 500人,企业资产总值2.58亿元。

辖区森林、中草药、矿泉水、生态景观等自然资源十分丰富,素有“立体资源宝库”之称,荣获“中国长白山生态食品城”“吉林泉阳泉国家级森林公园”之称。经过半个多世纪的开发建设,泉阳林业局已发展成为集木材采运、森林资源培育和管护、资源综合开发于一体的大型国有综合性森工企业。近年来,泉阳林业局依托天保工程,发挥资源优势,发展特色产业,先后建立起北五味子种植基地、红松果材兼用林基地、无公害人参种植基地、蓝莓种植基地;加快对泉阳湖、植物园、圣水湖、白龙湾、高山湿地、古树群落、大方岭古祭坛等景观的保护与开发,确立水资源开发、生态旅游开发、森林经营培育为转型发展的主攻方向,全力培育新的经济增长板块。

4. 松江河林业局

松江河林业局(吉林森工松江河林业有限公司)始建于1958年,为吉林森工集团成员企业之一,企业坐落在风光秀丽的长白山西麓吉林省抚松县境内,是国家大型A类综合性森工企业。企业总经营面积15.8万hm^2,林业用地面积15.6万hm^2,有林地面积15万hm^2,森林覆被率94.6%,活立木总蓄积量2 429万m^3。企业有符合开发森林碳汇项目面积为9.2万hm^2,年均减排量为32.7万t CO_2当量。企业现有在册职工2 917人,机关处室18个,基层单位28个(其中林场12个,保护区1个),资产总值为24.86亿元。林区社会人口10.4万人,其中林业人口4.5万人。

企业地处长白山生态经济核心圈的中心区位,是连接长白山环山旅游的重要枢纽,是内地土特产品和外埠物资的集散地。吉林省“十三五”规划中将松江河镇定为东部中心城市,高速、铁路、飞机三位一体交通网络在境内交会,加上沈白、四白高铁开工建设,在交通、资源、信息、市场、人才、基础设施等发展要素上,具有其他企业无可比拟的独特优势。交通条件便利,区位优势强劲,经贸战略地位和旅游产业地位至关重要。

5. 临江林业局

临江林业局(吉林森工临江林业有限公司)始建于1946年,隶属于吉林森工集团,前身是通化利华林木公司临江分公司,是新中国第一个森林工业局。现有林区总人口4.3万人,在册员工2 537人,离退休人员7 165人。现有机关单位7个部门,基层单位20个,资产总值9.22亿元。

临江林业局地处吉林省东南部(东经 127°18′0″～127°41′6″,北纬 45°2′20″～45°18′16″),长白山西南麓,鸭绿江北岸,与朝鲜隔江相望。辖区总经营面积 172 874 hm^2,有林地面积 168 043 hm^2,活立木总蓄积 25 902 702 m^3,森林覆盖率为 97.21%。域内具有丰富的野生动植物资源、矿产资源、水资源和森林旅游资源。

全局境内以中山、低山丘陵地貌为主,坡度较缓,大部分坡度为 5°～25°,地势南高北低,海拔高度多为 350～1 700 m。由于受老岭山脉所隔,全区分为鸭绿江与松花江两大水系。流入鸭绿江水系的有二道沟、三道沟、五道沟、七道沟河;流入松花江水系的有石头河、塔河。属中温带大陆性季风气候,为温润森林区,冬季漫长、寒冷而干燥,多西北风;夏季温热短促、降雨集中,早春少雨易干旱,秋季降温迅速,常有冻害发生。早霜 9 月中旬,晚霜 5 月下旬,年平均气温 2.4 ℃,最高气温 36 ℃,最低气温－40 ℃,无霜期 125 d 左右,年平均降水量 750～1 000 mm。

临江林业局交通便利,鸭大铁路与之相连,鹤大、沈长公路贯穿其中,松江河机场与之相邻。独特的地理环境使临江林业局盛产红松、白松、沙松、鱼鳞松、落叶松等珍贵针叶树种,盛产柞木、椴木、水曲柳、色木、榆木、核桃楸等珍贵阔叶树种,盛产人参、天麻、灵芝等珍贵药材,盛产薇菜、山芹菜、刺龙芽等珍贵山野菜,同时还活跃着大量的梅花鹿等珍奇动物。

第3章　自然保护区内外景观变化对比分析

土地利用变化是全球变化中的重要组成部分。LUCC计划研究的基本目标是提高对全球土地利用和土地覆盖变化动力学的认识，并着重提高预测土地利用和土地覆盖变化的能力。转移矩阵的意义在于它不仅可以反映研究期初、研究期末的土地利用类型结构，而且还可以反映研究时段内各土地利用类型的转移变化情况，便于了解研究期初各类型土地的流失去向以及研究期末各土地利用类型的来源与构成。在土地利用变化动态分析中具有重要意义，并得到了广泛应用。

自然保护区的孤立表现为保护区周边土地利用和景观的变化，可能影响保护区内的生态过程和生物多样性。连接保护区内外的廊道可能被人为景观阻碍。本章以三期遥感影像解译结果为基础，构建土地利用转移矩阵，清晰地分析土地利用变化的系统过程，同时对比保护区内外景观变化差异，建立指标定量化地描述长白山自然保护区被孤立的程度。

3.1　基于遥感影像景观现状分类

3.1.1　数据资料

遥感数据是本研究的主要数据。目前TM影像在土地利用变化监测中已有较多的应用，且TM影像包含着十分丰富的地表信息，不同波段适用于不同地物的分类与探测。为此选用了研究区1999年TM影像、2008年TM影像、2015年OLI影像，研究保护区内外景观格局的变化。具体的遥感数据见表3-1。除遥感数据外，还准备了辅助数据，主要有研究区DEM图、林相图、区域行政界限图（县级）、区域交通图、社会经济统计资料和野外调查点等。

表 3-1　TM 传感器波段特征

波段序号	波谱范围/μm	波段名称	地面分辨率/m	光谱效应
1	0.45～0.52	蓝光	30	对水体有穿透能力，用来分析土地利用、植被特征及编制森林分布图
2	0.52～0.60	绿光	30	对水体的穿透能力较强，对植被的反射敏感，能区分林型、树种
3	0.63～0.69	红光	30	位于叶绿素的吸收区，能增强植被覆盖与无植被覆盖的反差，可判断植被的健康状况
4	0.76～0.90	近红外	30	集中反映植物的强反射，用于植被类型、生物量和作物长势的调查，可绘制水体边界
5	1.55～1.75	短波红外	30	处于水的吸收带，对含水量反应敏感，可用于土壤湿度、植物含水量调查和作物长势分析
6	10.40～12.5	热红外	120	对热异常敏感，可监测人类活动的热特征，用于热分布制图、岩石识别和地质探矿
7	2.08～2.35	长波红外	30	探测高温辐射源，如监测森林火灾、火山活动等，可区分岩石类型

3.1.2　数据处理

遥感图像表征了地物波谱辐射能量的空间分布，辐射能量的强弱与地物某些特性相关，但由于受遥感图像成像过程中各种因素的影响，遥感图像所表征的地物波谱辐射能量往往与地物的实际辐射能量不相符合。为了减少上述各种因素的影响，增强遥感影像信息表达的能力，提高信息提取的精度，需对遥感影像进行预处理，使遥感影像更为清晰，目标物体的标志更明显突出（贾科利，2007）。遥感影像的处理均在 ENVI5.1 的支持下完成。

1. 波段选择

TM 是美国陆地卫星 Landsat 携带的一种改进型多光谱扫描仪，共分 7 个较窄的波段，其波段特征如表 3-1 所示。Landsat 8 携带有 OLI 陆地成像仪和 TIRS 热红外传感器，OLI 陆地成像仪（简称 OLI），包括 9 个波段，OLI 包括 ETM+传感器所有的波段，为了避免大气吸收特征，OLI 对波段进行了重新调整，band 5（0.845～0.885 μm），排除了 0.825 μm 处水汽吸收特征；OLI 全色波段 band 8 波段范围较窄，这种方式可以在全色图像上更好区分植被和无植被特征；此外，还有 2 个新增的波段：蓝光波段（band 1）主要应用于海岸带观测，短波红外波段（band 9）包括水汽强吸收特征可用于云检测（表 3-2）。TIRS 包括 2 个单独的热红外波段。用于土地利用/覆被遥感的影像，一般为选用 3 个波段进行合成的假彩色影像，波段的选取通常考虑3个方面的因素：①波段或波段组合信息含量的多少；②各波段之间相关性的强弱；③研究区内欲识别地物的光谱响应特征如何。那些信息含量多、相关性小、地物光谱差异大、可分性好的波段就是应该选择的最佳波段（徐磊等，2011）。

表 3-2　OLI 传感器波段特征

波段序号	波谱范围/μm	波段名称	地面分辨率/m	光谱效应
1	0.433～0.453	海岸	30	海岸带环境监测
2	0.450～0.515	蓝光	30	对水体有穿透能力，用来分析土地利用、植被特征及编制森林分布图
3	0.525～0.600	绿光	30	对水体的穿透能力较强，对植被的反射敏感，能区分林型、树种
4	0.630～0.680	红光	30	位于叶绿素的吸收区，能增强植被覆盖与无植被覆盖的反差，可判断植被的健康状况
5	0.845～0.885	近红外	30	集中反映植物的强反射，用于植被类型、生物量和作物长势的调查，可绘制水体边界
6	1.560～1.660	短波红外1	30	对热异常敏感，可监测人类活动的热特征，用于热分布制图、岩石识别和地质探矿
7	2.100～2.300	短波红外2	30	探测高温辐射源，如监测森林火灾、火山活动等，可区分岩石类型
8	0.500～0.680	全色波段	15	地物识别，数据融合
9	1.360～1.390	卷云波段	30	卷云检测，数据质量评价
10	10.60～11.19	热红外1	100	地表温度反演，火灾检测，土壤湿度评价，夜间成像
11	11.50～12.51	热红外2	100	

遥感分波段记录地物波谱的微弱差异，充分利用地物在不同波段的差异，可以更有效地识别物体。对于陆地卫星TM影像和OLI影像，每3个波段组合，可以有许多合成方案。应用目的不同，研究对象不同，所要求的组合方案也不同。本研究是对研究区域的土地利用变化动态过程进行分析，提取土地类型变化信息。TM432和OLI543波段组合为土地利用/覆被信息提取中的最佳波段组合，其合成的假彩色遥感影像具有更好的目视效果。本研究中，土地利用以林地为主，少部分耕地，零星分布建设用地，因此，采用相应组合在ENVI5.1将单波段的IMG文件组合成一个具有明显土地利用/土地覆盖信息特征的多波段图像文件。

2. 图像拼接

图像拼接是将具有地理参考的若干相邻图像合并成一幅或一组图像的处理手段。需要拼接的输入图像必须含有地图投影信息，或者输入的图像必须经过校正处理或进行过校正标定。所有输入图像可以具有不同的投影类型以及不同的像元大小，但必须具有相同的波段数。在进行图像拼接时，需要确定一幅参考图像，参考图像将作为输出拼接图像的基准，决定拼接图像的对比度匹配以及输出图像的投影、像元大小和数据类型。具体的图像拼接是应用 ENVI 软件 Mosaic 进行拼接。

3. 影像校正

以校正好的 2015 年 OLI 遥感影像为基准，将 1991 年、1977 年影像校正，在 2 幅影像上分别选取相同的地物作为地面控制点（GCP），GCP 的选择要尽量分布均匀，选择边界明显、位置准确，易于识别定位的地物，如道路和河流的交叉点。采用邻近点插值法进行图像重采样 30 m，校正后影像误差小于一个像元。

3.1.3 景观类型确定

将研究区域分成 9 个景观类型，分别是耕地、阔叶林、针阔混交林、针叶林、裸地、水体、苔原、建设用地和道路。在这个分类体系中，耕地包括种植农作物或人参的土地；裸地是指裸露的土地或者郁闭度小于 10%土地；水体包括水域和湿地；建设用地包括居住、工业、商业等所有非渗透表面的土地。单独划分道路类别是为了定量说明景观格局变化，因为环区道路直接影响长白山自然保护区的生态系统。

3.1.4 遥感影像信息提取

信息提取的精度直接影响景观数据的准确性，国内外相关专家学者在遥感影像信息提取方面作了大量的研究，应用于 TM 影像时，效果并不乐观，其提取精度并没有显著提高，因为中低分辨率遥感影像提取的形状和纹理信息都不突出，能获得最多的还是光谱信息（李慧燕，2011）。本研究中土地利用信息的提取，采用分层分类和监督分类相结合的方法。在分层提取的过程中，先根据 NDVI 值提取水体和建设用地，利用海拔和影像特征目视解译苔原景观，采用同期生长季节影像提取针叶林，然后将上述已提取的信息制作掩膜，采用监督分类的方法对剩余未分割图像进行监督分类，提取覆被和景观信息。

1. 定义分类模板

监督分类是基于分类模板来进行的，而分类模板的生成、管理、评价和编辑等功能是由分类模板编辑器来负责的。打开分类模板编辑器，对以上景观类型选取各自的样本，选取的过程就是利用鼠标在计算机屏幕上勾画典型区域，每勾画出一个区域或在该区域中采样一个点（或称为种子像元），计算机把该区域的光谱信息自动记录在模板中，并标注类别。根据研究区的遥感影像特征，结合实地验证并参照林相图数据资料，利用 ERDAS 软件提供的 AOI 工具在研究区遥感影像上选择训练区。为了保证信息提取的质量以及分类的精度，在整个影像覆盖的范围内选取了 11 541 个典型的训练样区，完全涵盖了剩余 6 个景观类型。

2. 评价分类模板执行计算机自动分类

根据所建立的分类模板，选择最大似然法，执行计算机自动分类。最初进行分类时由于有些相同地物光谱特征差异很大，为了保证分类精度，会分出应分类别的 2～3 倍的类别，监督分类之后就需要对原来的分类重新进行组合。给部分或所有类别以新的分类值，从而产生一个新的分类专题层。

3. 分类精度评估

Kappa 分析是评价分类精度的多元统计方法，对 Kappa 的估计称为 KHAT 统计，Kappa 系数代表被评价分类比完全随机分类产生错误减少的比例，计算公式如下：

$$\hat{\kappa}=\frac{N\cdot\sum_{i}^{r}x_{ii}-\sum(x_{i+}x_{+i})}{N^{2}-\sum(x_{i+}x_{+i})} \tag{3-1}$$

式中：$\hat{\kappa}$ 为 Kappa 系数，r 为误差矩阵的行数，x_{ii} 为 i 行 i 列（主对角线）上的值，x_{i+} 和 x_{+i} 分别为第 i 行的和与第 i 列的和，N 为样点总数。Kappa 系数的最低允许判别精度 0.7。

2015 年影像可以用野外调查数据进行检验，其余年份影像采用林相图检验。2015 年、2008 年、1999 年 3 期影像 Kappa 系数分别为 90.26%、84.2%、88.52%。

4. 分类后处理

初步分类后的土地利用分类图中存在很多细碎图斑，需要进行分类后处理。分类后处理主要包括聚类统计、过滤分析、去除分析。本研究结合聚类统计和去除分析 2 种处理方法进行分类后处理，聚类统计（clump）是通过对图像中的每个分类图斑的面积进行计算，并记录下相邻区域中最大的图斑面积的分类值（这里设置邻域大小为 8 个像元），最终生成一个包含 clump 类组属性的中间文件，用来进行去除分析。去除分析就是将聚类图像中的小图斑合并到相邻的最大的分类图斑中去，设定最小图斑大小为 8 个像元，最终得到分类后处理的土地利用分类图，见二维码 3-1、二维码 3-2。

二维码 3-1　土地利用分类图去除分析前效果图

二维码 3-2　土地利用分类图去除分析后效果图

去除分析之后，自然保护区外围土地利用分类图仍然会存在一些错分现象，需要人工手动进行纠错处理，将分类处理后的图与原始影像叠加，进行手动纠正，勾画错分地物并将其归并到正确类别中去，最终得到较精确的分类图。将 3 期土地利用分类图导入 ARCGIS10.0 中，进行配色，生成图例和比例尺等操作，最终完成专题图的制作。

3.2 景观动态变化分析

3.2.1 研究区景观类型状况

研究区总面积 1 322 786.97 hm^2，2015 年主要景观类型为耕地（4.6%）、阔叶林（42.72%）、针阔混交林（27.54%）、针叶林（20.26%）、裸地（2.71%）、水体（0.5%）、苔原（0.58%）、建设用地（0.6%）、道路（0.49%）（表 3-3）。总体上，1999—2015 年，景观类型变化主要发生在林地，其中阔叶林减少 11.58 个百分点，针叶林减少 5.88 个百分点，针阔混交林增加 15.43 个百分点。居民地增加 5 047.83 hm^2，道路增加 2 302.56 hm^2，裸地增加 10 444.41 hm^2。在两个研究期内，阔叶林持续减少，针阔混交林持续增加，而针叶林在第一研究期（1999—2008 年）略有增加，在第二研究期（2008—2015 年）减少。耕地在第一研究期（1999—2008 年）略有减少，而在第二研究期（2008—2015 年）增长较大。建设用地和道路面积持续增加。

表 3-3 研究区景观类型面积

景观类型	1999 年		2008 年		2015 年	
	面积/hm^2	占比/%	面积/hm^2	占比/%	面积/hm^2	占比/%
耕地	51 763.14	3.91	51 075.36	3.86	60 877.17	4.60
阔叶林	718 282.08	54.30	658 757.52	49.81	564 993.36	42.72
针阔混交林	160 149.96	12.11	203 349.24	15.37	364 280.76	27.54
针叶林	345 702.33	26.14	359 065.89	27.14	267 951.51	20.26
裸地	25 340.67	1.92	25 340.67	1.92	35 785.08	2.71
水体	6 671.34	0.50	6 671.34	0.50	6 671.43	0.50
苔原	7 721.19	0.58	7 722.00	0.58	7 721.01	0.58
建设用地	2 916.36	0.22	5 499.81	0.42	7 964.19	0.60
道路	4 239.90	0.32	5 305.14	0.40	6 542.46	0.49
总面积	1 322 786.97	100.00	1 322 786.97	100.00	1 322 786.97	100.00

3.2.2 景观类型转移矩阵

构建景观类型转移矩阵（表 3-4），矩阵中行代表第一研究期（T_1 时期）各景观类型的面积（或比例），列代表第二研究期（T_2 时期）各景观类型的面积（或比例），最后一列代表从 T_1 到 T_2 时期，各景观类型的减少面积（或比例），最后一行代表

代表从 T_1 到 T_2 时期各景观类型增加面积(或比例)(表 3-4)。从上述转移矩阵中可以获得各景观类型发生转变的详细信息,提取变化数量较大的转换类型。

表 3-4　转移矩阵一般式

		T_2					
		A_1	A_2	…	A_n	P_{i+}	减少
T_1	A_1	P_{11}	P_{12}	…	P_{1n}	P_{1+}	$P_{1+}-P_{11}$
	A_2	P_{21}	P_{22}	…	P_{2n}	P_{2+}	$P_{2+}-P_{22}$
	⋮	⋮	⋮	⋮	⋮	⋮	⋮
	A_n	P_{n1}	P_{n2}	…	P_{nn}	P_{n+}	$P_{n+}-P_{nn}$
	P_{+j}	P_{+1}	P_{+2}	…	P_{+n}	1	
	新增	$P_{+1}-P_{11}$	$P_{+2}-P_{22}$	…	$P_{+n}-P_{nn}$		

如表 3-5 所示,第一研究期(1999—2008 年),大面积的林地转变成建设用地和道路,表明研究区在城镇发展和道路修建上需求较大。建设用地和道路转变为其他类型的面积较小,这与建设用地的不可逆性有密切关系。建设用地的增加主要发生在城镇周边,城镇向外扩张。长白山自然保护区内部,海拔 1 100 m 以上针叶林区域景观类型较为稳定,发生变化的主要区域在 1 100 m 等高线以下到保护区边界,主要表现为针叶林或阔叶林转变为针阔混交林。保护区外围(除南部区域)为吉林森工集团不同林业局经营,南部地区属长白县,长白县南部区域针叶林转变为阔叶林,这与林场采伐密切相关。保护区外围北部(露水河林业局)以阔叶林向针阔混交林转变为主。

如表 3-6 所示,第二研究期(2008—2015 年),发生变化的景观类型面积大于第一研究期。耕地的转换率大于第一研究期,表现为与林地、裸地、建设用地、道路的转换(转出和转入)比率较大,总体表现为面积增加。这一期间,建设用地和道路表现为大规模的增加,来自区内其他景观类型。

变化最大的类型为阔叶林较大面积转变为针阔混交林(146 954.88 hm^2),并且有 10 597.32 hm^2 转变为裸地。其次,19.8%的针叶林转变为阔叶林,21.5%的针叶林转变为针阔混交林。针叶林变为阔叶林的区域主要分布在保护区外围,转变为针阔混交林区域主要分布在露水河林业局和长白县内保护区外 10～20 km。保护区内沿海拔 1 100 m 等高线,针阔混交林转变为针叶林,整体变化区域面积大于第一研究期。

3.2.3　保护区内外景观类型对比分析

长白山自然保护区内人为活动受到严格限制,其景观类型变化基本为自然演替。本研究将内外对比范围界定在保护区外围 10 km,这也是针阔混交林变化剧烈的区域。

表 3-5　1999—2008 景观类型变化转移矩阵

hm²

		2008 年							减少
		耕地	阔叶林	针阔混交林	针叶林	裸地	建设用地	道路	
1999 年	耕地	51 068.43	0	0	694.71	0	0	0	694.71
	阔叶林	0	543 777.84	83 249.55	90 264.06	0	148.86	841.77	174 504.20
	针阔混交林	0	61 395.39	44 199.90	52 640.91	0	1 747.80	165.96	115 950.10
	针叶林	0	53 530.65	75 889.44	215 433.90	0	692.73	155.61	130 268.40
	裸地	0	0	0	0	25 340.67	0	0	0
	建设用地	1.71	1.62	0.63	15.12	0	2 896.20	1.08	20.16
	道路	5.22	52.02	9.72	17.19	0	14.22	4 140.72	98.37
	增加	6.93	114 979.68	159 149.34	143 631.99	0	2 603.61	1 164.42	421 535.94

表 3-6　2008—2015 景观类型变化转移矩阵

hm²

		2015 年							减少
		耕地	阔叶林	针阔混交林	针叶林	裸地	建设用地	道路	
2008 年	耕地	31 269.51	9 540.63	2 782.44	2 379.24	4 331.43	711.36	60.75	19 805.85
	阔叶林	13 455.09	448 146.18	146 954.88	38 320.65	10 597.32	523.80	759.60	210 611.34
	针阔混交林	852.48	29 056.05	136 433.79	35 759.07	929.16	81.54	237.15	66 915.45
	针叶林	11 619.00	71 043.03	77 113.98	189 293.40	9 260.46	518.94	217.08	169 772.49
	裸地	3 681.09	7 207.47	995.67	2 199.15	10 466.55	772.38	18.36	14 874.12
	建设用地	0	0	0	0	125.91	5 349.96	23.94	149.85
	道路	0	0	0	0	74.25	6.12	5 223.69	80.37
	增加	29 607.66	116 847.18	227 846.97	78 658.11	25 318.53	2 614.14	1 298.52	482 209.47

1999 年，自然保护区内针叶林面积 104 875.65 hm²，阔叶林面积约为针叶林面积的 1/2(54 378.18 hm²)，针阔混交林为林地中面积最小的景观类型(26 615.61 hm²)。2015 年，针叶林仍然是最大的景观类型，面积变为 96 732.59 hm²，而针阔混交林面积增加到 56 345.09 hm²，超过了阔叶林面积(31 040.79 hm²)。研究期间，针阔混交林增加 1 倍多，而阔叶林减少 42.92%，针叶林略微减少 7.76%(表 3-7)。

表 3-7　长白山自然保护区内景观类型面积变化

景观类型	1999 年面积/hm²	2015 年面积/hm²	面积变化/hm²	变化率/%
阔叶林	54 378.18	31 040.79	−23 337.39	−42.92
针阔混交林	26 615.61	56 345.09	29 729.48	111.70
针叶林	104 875.65	96 732.59	−8 143.06	−7.76
耕地	269.01	4.94	−264.07	−98.16
裸地	741.78	2 429.53	1 687.75	227.53
建设用地	15.84	29.77	13.93	87.94
道路	453.51	766.87	313.60	69.10

1999—2015 年，自然保护区外围 10 km 针阔混交林增加 138.07%(由 24 658.74 hm² 增加至58 704.57 hm²)，而针叶林和阔叶林分别减少 5.66%(由 71 555.13 hm² 减少至 67 505.49 hm²)和 27.10%(由 119 333.07 hm 减少至 86 992.38 hm²)(表 3-8)。

表 3-8　长白山自然保护区外围 10 km 景观类型面积变化

景观类型	1999 年面积/hm²	2015 年面积/hm²	面积变化/hm²	变化率/%
阔叶林	119 333.07	86992.38	−32340.69	−27.10
针阔混交林	24 658.74	58 704.57	34 045.83	138.07
针叶林	71 555.13	67 505.49	−4 049.64	−5.66
耕地	2 016.54	1 158.21	−858.33	−42.56
裸地	1 538.64	2 744.10	1 205.46	78.34
建设用地	882.09	2 048.94	1 166.85	132.28
道路	1 165.68	1 996.20	830.52	71.25

自然保护区内以林地景观为主，其他景观类型比重较小。1999 年保护区内裸地 741.78 hm²、耕地 269.01 hm²、建设用地 15.84 hm²、道路 453.51 hm²；到 2015 年，耕地减少 98.16%，仅为 4.94 hm²。在自然保护区外围 10 km，建设用地增加了 1 165.85 hm²，增长 132.28%。池北区(原二道白河镇)建设用地大幅度扩张。2009 年环长白山道路修建，将长白山自然保护区南、西、北 3 个入口连接起来，道路面积增加。

保护区内外景观格局变化不同。保护区内外斑块数量(NP)都减少，导致斑块密度(PD)同样减少。保护区的孤立可以从景观形状指数(LSI)的减少和平均欧几里得邻近距离指数(ENN-MN)的增加表现出来。但是,同期保护区外的变化相反(表 3-9)。

表 3-9 长白山自然保护区及外围景观指数变化(1999—2015)

项目	年份	NP	PD	LSI	ENN-MN
保护区内	1999	6 667	3.41	42.07	207.05
	2015	4 564	2.34	36.19	251.25
保护区外	1999	8 963	4.06	42.94	225.17
	2015	8 552	3.87	46.67	221.68

保护区内部,针阔混交林斑块数量明显减少,LSI 减少,但是面积却从 26 615.61 hm^2 增加到 56 345.09 hm^2;阔叶森林斑块减少 68 个,LSI 和 ENN-MN 略微增加;针叶林斑块数量增加 251 个,裸地变化较小(表 3-10)。

自然保护区外部,NP 和 PD 降低,但是 LSI 增加,ENN-MN 将减少,说明保护区外围景观空间结构更复杂。针阔混交林斑块数量降低,与保护区内趋势一致;阔叶林面积减少,斑块增加,破碎化程度加剧(表 3-10)。

表 3-10 长白山自然保护区景观指数变化(1999—2015)

景观类型		NP			LSI			ENN-MN		
		1999 年	2015 年	变化	1999 年	2015 年	变化	1999 年	2015 年	变化
阔叶林	内	1 530	1 462	−68	48.70	50.95	2.25	181.88	222.44	40.56
	外	1 433	2 245	812	42.10	55.14	13.04	169.55	164.47	−5.08
针阔混交林	内	3 030	853	−2 177	69.12	35.60	−33.52	148.81	164.38	15.57
	外	3 858	2 865	−993	76.92	61.53	−15.39	177.73	153.06	−24.67
针叶林	内	1 412	1 663	251	30.23	30.57	0.34	174.33	192.44	18.11
	外	2 551	2 542	−9	33.90	30.24	−3.66	196.68	229.17	32.49
裸地	内	181	187	6	14.64	14.13	−0.51	690.54	630.48	−60.06
	外	488	579	91	24.48	26.38	1.90	398.13	482.61	84.48

3.2.4 研究区乡镇建设用地变化分析

自然保护区外围建设用地从 1999 年到 2015 年增加约 1.3 倍(表 3-8),并且建设用地转变不可逆,因此研究更关注于区域内的建设用地变化。研究区内建设用地增加主要表现为乡镇以原有建设用地向外扩张,对区内各乡镇进行对比分析的结果见表 3-10。区内乡镇的扩张源于社会经济发展、产业结构调整和旅游的发展,其主要扩张时期可追溯到 1999 年之前。本研究运用该区域最早的遥感影像(1977 年),目视解译乡镇规模。1977 年,松江镇建设用地面积占总面积 60.60%,最小的漫江镇仅占 13.84%,其余乡镇该比重在 30%~40%之间。2008 年,建设用地占比最大的为露水河镇,接近 86%,最小的二道白河镇约有 2/3 的面积为建设用地,其余乡镇建设用地占比均超过70%(表3-11)。

表3-11 长白山自然保护区外围乡镇建设用地变化和来源分析

乡镇	面积/hm²	乡镇建设用地面积占比/%		增加	不同类型占比/%	
		1977年	2008年		林地	耕地
二道白河	1 675.5	29.10	67.90	38.80个百分点	79.06	20.94
露水河	709.8	34.38	85.96	51.58个百分点	40.36	59.64
松江	323.9	60.60	80.55	19.95个百分点	34.82	65.18
泉阳	756.5	37.53	72.31	34.78个百分点	11.80	88.20
松江河	1 011.2	27.64	78.69	51.05个百分点	17.02	82.98
两江	370.1	42.92	74.10	31.18个百分点	16.38	83.62
漫江	63.7	13.84	73.73	59.89个百分点	23.82	76.18

7个乡镇中,漫江镇建设用地面积约增加4倍,有接近总面积2/3的林地和耕地转变为建设用地,另外还有松江河镇和露水河镇建设用地面积约增加150%。这30年间,建设用地增长最为缓慢的乡镇为松江镇,仅增加约20个百分点,2008年松江镇建设用地占比也小于露水河镇。

3.2.5 研究区景观变化驱动力分析

驱动力是指导致土地利用/土地覆被变化和景观变化的各种动力因素,其范围涉及自然系统和社会经济系统的许多方面。在自然界中,主要的驱动力是指气候、土壤、水文等;在社会系统中,主要的驱动力是指人口变化、贫富状况、科技进步、经济发展以及政治结构等。本研究的时间跨度较小,气候、土壤、水文等自然因素相对稳定,其效应需要长时间积累才能发挥作用。经济、政策等因素直接或间接地推动区域土地利用变化。

1. 人口

研究区位于自然保护区外围。20世纪60年代为了长白山地区林业开发而建立的若干林业局,此后随着人口迁入逐渐形成人口聚集区,从而建立了相应的乡镇。20世纪70年代的人口数据难以准确地确定,但是可以获得部分研究区所隶属的安图县的人口序列数据,以此来估算研究区内的人口变化趋势。由于2006年行政区划调整,统计口径发生变化,安图县数据统计到2006年。

安图县人口从1977年到1999年由16万人上升到22万人,在这20余年间人口呈单调上升趋势,增速较快。1999年之后人口变化趋于平缓,上下浮动不超过5 000人,总数略有下降(图3-1)。1999年后区域人口变化趋于平稳,对于区域土地利用变化的影响减弱,1999年后研究区内各乡镇人口和建设用地变化也证明了这一论述。

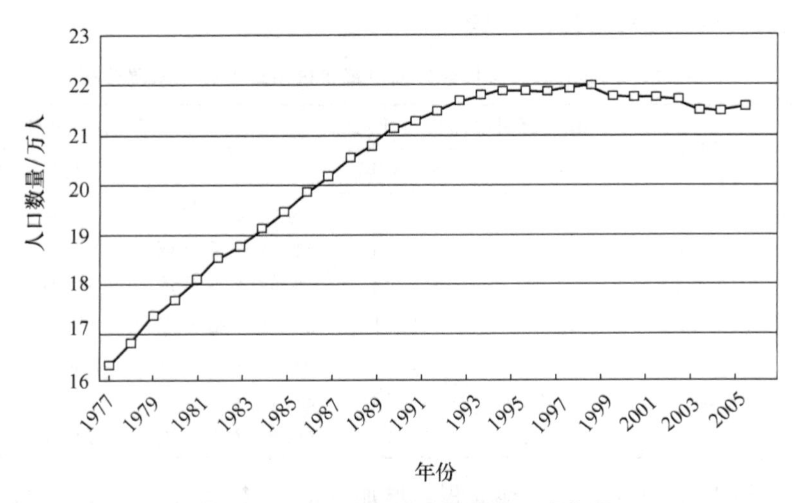

图 3-1　1977—2006 年安图县人口变化图

在研究区 7 个乡镇中，松江镇由于合并了临近 2 个乡镇，人口增长近 2 倍。1999—2008 年，二道白河镇、露水河镇、泉阳镇人口均有 20%左右的增加，相应地，建设用地增加 20%～30%；松江河镇、两江镇和漫江镇人口略微减少，但建设用地均有不同幅度增加，尤其是松江河镇人口减少近 5 000 人，而建设用地增加近 250 hm^2（表 3-12）。除漫江镇外其他乡镇无论人口如何变化，建设用地都有 20%以上的增幅，说明 1999 年以后人口对区域土地利用变化驱动作用减弱，其他因素影响增强。

表 3-12　研究区内乡镇 1999—2008 年人口和建设用地变化表

乡镇	面积/hm^2	人口/人		人口变化/%	建设用地/hm^2		建设用地变化/%
		1999 年	2008 年		1999 年	2008 年	
二道白河	1 675.5	41 237	48 908	18.6	918.99	1 137.69	23.8
露水河	709.8	34 048	42 228	24.0	505.17	610.11	20.8
松江[1]	323.9	11 688	32 764	180.3	209.25	260.91	24.7
泉阳	756.5	31 900	40 637	27.4	410.49	547.02	33.3
松江河	1 011.2	67 358	62 574	−7.1	646.92	795.69	23.0
两江	370.1	16 633	16 325	−1.9	208.26	274.23	31.7
漫江	63.7	3 695	3 641	−1.5	44.91	46.98	4.6
总计	4 910.7	206 559	247 077	19.6	2 943.99	3 672.63	24.8

注：[1]2003 年实行乡镇合并，原小沙河乡、三道乡合并到松江镇。

2. *旅游*

20 世纪 80 年代，长白山自然保护区开始发展旅游业，最初旅游人数仅为近 3 万人，到 21 世纪初增长到 20 万人，2008 年长白山旅游人数达到 90 万人。2010

年，国内外游客已达到 244 万人次，十年间旅游人数翻了 10 倍，2010 年实现旅游收入 20.3 亿元，是 2006 年旅游收入的 4 倍。为了加快旅游服务配套设施建设，大量宾馆、饭店、商店等建设在二道白河镇和松江镇，这两个镇建设用地增长规模较大；松江、两江距离保护区距离相对较远，影响减弱。旅游业的蓬勃发展是 21 世纪长白山自然保护区外围土地利用变化的重要驱动力，政府经济发展的政策和倾向都会加速继续加速区域土地利用变化。

3. 国家林业政策

促使区域土地变化的另一个重要因素是过去 30 年国家林业和土地政策。1978 年，国家林业总局正式成立，随后《中华人民共和国森林法》《中华人民共和国野生动物保护法》和一系列林业法规的颁布和实施，标志着中国林业政策的发展进入了一个法制化、规范化的新阶段。1985 年以前，我国实行木材生产计划管理，以木材生产为林业首要任务，由于多年的过度开发，到 20 世纪 80 年代末期，全国森林覆盖率由 12.7%下降到 12%，东北三省、内蒙古等的国有林区陷入了“两危”（资源危机、经济危机）局面。在此期间，国家还颁布了《关于大力开展植树造林的指示》和《关于保护森林、发展林业若干问题的决定》，我国林业政策从“木材生产为中心”的理念朝着“林业经济效益与生态效益并重”的理念演变，林业重点工程开始大面积实施（戴凡，2010）。但是这些政策和理念在实际操作中遇到了困难，对森林资源保护的作用有限，林木仍然是地方居民可利用的主要资源和收入来源，这也解释了 1977—1991 年研究期林地净减少的变化。

1998 年以后，我国林业发展由重视木材生产和林业经济效益向优先建设林业生态转变，生态建设在林业政策议题中的重要性日渐凸显，《全国生态环境建设纲要》《退耕还林条例》《关于加快林业发展的决定》等一系列政策的颁布和实施标志着中国真正意义上开始走以生态建设为主的林业可持续发展道路（表 3-13）。

表 3-13　1977—2008 年中国主要林业政策

年份	政策	政策目标
1979	中华人民共和国森林法（试行）	森林保护
1980	关于大力开展植树造林的指示	植树造林
1981	关于保护森林、发展林业若干问题的决定	林权划分
1990	关于 1989—2000 年全国造林绿化规划纲要	造林绿化
1995	林业经济体制改革总体纲要	森林经营
1998	实施六大林业重点工程的相关文件	生态建设
2002	退耕还林条例	退耕还林
2003	中共中央、国务院关于加快林业发展的决定	生态建设

林业重点工程的实施涉及全国 97%以上的县（区、旗），计划造林任务超过 0.76 亿 hm^2，表明林业生态环境建设全面展开，促进了中国林业实现由以木材生产为主向以生态建设为主的历史性转变。其中，天然林保育工程和退耕还林工程

对区域土地利用影响深远。长白山自然保护区外围人口的增加，旅游业的发展和推进城镇化的背景促使了区域建设用地的增加，同时国家林业政策方向性的转变影响了区域林地的面积、蓄积量和经营。

3.3 自然保护区景观孤立分析

3.3.1 景观孤立度测算

通过植被覆盖的同质性来测算保护区内外景观孤立度，采用植被归一化指数(NDVI)度量植被覆盖。所有像元中 NDVI 最大值和最小值的差值范围，每相差 0.1 被分成一个类别，研究区被分成了 13 个类别。

采用 NDVI 的蔓延度指数(CONTAG)测度保护区孤立程度。如果 NDVI 类别越少，CONTAG 值越高；类别越多，CONTAG 值越小。高蔓延度指数表明 NDVI 低异质性，计算公式如下：

$$\mathrm{CONTAG}=\left\{1+\frac{\sum_{i=1}^{m}\sum_{k=1}^{m}\left[P_i\left(\frac{g_{ik}}{\sum_{k=1}^{m}g_{ik}}\right)\right]\ln\left[P_i\left(\frac{g_{ik}}{\sum_{k=1}^{m}g_{ik}}\right)\right]}{2\ln m}\right\}\times 100 \quad (3\text{-}2)$$

式中：P_i 为斑块 i 的面积比例，g_{ik} 为相邻 i 的斑块数量，m 为类型总数。

此外，计算景观类型蔓延度(简称景观蔓延度)指数，比较 2 种 CONTAG 值的变化差异，结果见表 3-14。

表 3-14 保护区内外 NDVI 蔓延度指数和景观蔓延度指数

年份	NDVI 蔓延度指数		景观蔓延度指数	
	保护区外	保护区内	保护区外	保护区内
1999	69.49	69.21	70.25	68.11
2015	67.63	71.76	63.73	67.12

3.3.2 景观孤立分析

针阔混交林和针叶林变化最为显著，无论采用哪种方法计算蔓延度指数，保护区外的蔓延度指数都是降低的。NDVI 蔓延度指数降低幅度小于景观蔓延度指数。自然保护区内，植被覆盖的均质性高于景观，因此 NDVI 蔓延度增加，但景观蔓延度略降低。

首先，自然保护区的孤立性表现在保护区内外蔓延度不同的变化。自然保护区外围，无论植被覆盖还是景观蔓延度指数，破碎度均增强，蔓延度降低。保护区外森林实行分类经营，可以采伐或转作其他用途，表现为裸地和建设用地的增加。该区域森林由不同的林业局经营，由于采伐和造林，阔叶林面积减小，斑块数量增加。

其次，长白山自然保护区外围建设用地和道路面积显著增加。道路环绕保护区，连接北、西、南 3 个入口。机场、铁路、宾馆、住宅等基础设施建设和房地产项目围绕保护区外 10 km 范围内建设，甚至紧邻保护区入口。保护区管委会现有超过 70 个项目招商引资。因此，项目接近保护区建设以及环绕的公路将保护区孤立起来，导致其景观蔓延度内外的差距。长白山保护区的旅游人数从 70 万人增加到 200 万人，2006—2015 年，年旅游人数增加 17.5%，年旅游收入增长 26.4%。在这种旅游暴发性增长趋势下，建设需求旺盛，保护区被孤立趋势越发严峻。

环区道路将保护区包围起来将阻碍动物通过和种子的传播，从而强化保护区的孤立效应。已有研究表明，在次生白桦林中道路会有效阻碍大型动物通过(王云等，2016)。这种孤立效应会持续并最终反映在森林演替和野生动物栖息地变化。

最后，长白山自然保护区的孤立效应不仅反映在人为景观上，还表现为针叶林分布向保护区内部集中，主要变化区域为保护区边界周边，而内部高海拔地区较为稳定。保护区内部森林景观格局变化主要是针阔混交林面积增加，斑块减少，森林景观斑块内平均距离增加。边界附近的针叶林转变为针阔混交林，这一区域的针叶林多为针阔混交林包围的小斑块，优势树种为云杉，但是云冷杉分布显著减少。沿边界周边分布的阔叶林树种为色木槭、椴树、水曲柳，部分阔叶林转变为针阔混交林。因此，除了自然演替外，对自然保护区的严格保护，可降低人为影响，也促使了针叶林的分布更为集中。

第4章 外围土地利用变化对保护区内景观影响分析

国外早在2005年就提出了自然保护区正逐渐被孤立的趋势，通过对自然保护区周边土地覆被和土地利用的变化以及栖息地数量、大小或形状的变化来说明这一趋势。无论从数量的统计角度还是对具有代表性的保护区研究都验证了这一结论。在此基础上，通过自然保护区内外的生态联系来解释外围区域土地利用变化对保护区内部的影响。有研究认为，自然保护区及其周边区域构成了一个更大的生态系统，周边区域部分土地利用变化可能导致生态系统的重构，从而影响保护区内的生态功能和生物多样性。城市扩张、旅游、基础设施建设会不同程度地引起保护区有效面积、生态过程、重要栖息地的变化及边缘效应。

上述研究侧重于对保护区周边土地利用变化及保护区自身孤立程度的定量描述，而外围的变化对保护区内部影响的定量分析还未十分明确。因此，本章以长白山自然保护区、露水河林业局、松江河林业局、白河林业局不同时间点的林相图为基础，对长白山自然保护区及其外围10 km范围内的森林景观和优势树种进行样点调查核验，确定森林景观动态模拟的初始状态。采用LANDIS模型模拟保护区外环区道路对保护区内森林结构和景观的影响。

4.1 LANDIS模型

LANDIS模型是空间直观景观模型的典型代表，主要模拟大的空间和时间尺度下森林演替、种子扩散、风和火干扰、森林管理(采伐、造林)等以及它们之间的相互作用(He et al.,2005)。LANDIS模型已被广泛应用于森林景观的长期预测、森林景观对全球气候变暖的响应、不同火干扰模式下森林景观的演替、不同采伐管理方案对森林景观的影响。同时，LANDIS模型基于栅格数据结构，对模型算法和结构进行了一系列的优化，可以模拟更加复杂的空间过程。LANDIS模型将整个景观视为由相同大小的像元组成的格网，基于单元格记录景观上的植被信息，追踪所模拟树种年龄库的存在与否而非树木个体信息以减轻计算机的运算负荷，从而可以模拟更大的空间范围以及更多的空间过程，如火烧、采伐等。

LANDIS模型根据研究区的环境和干扰状况，将所模拟景观划分不同的土地类型(land type)。同一土地类型内，相同树种的建群概率(species establishment probability，SEP)是一致的。树种建群概率是 LANDIS 模型设计用来反映树种在各土地类型内建群能力的输入参数，取值范围为 0～1，SEP 值越大表示树种在该土地类型上建群的可能性越高。各树种对环境的适应能力不同，受环境异质性的影响，不同土地类型上相同树种的建群概率可能不同，但同一土地类型上，每个树种的建群概率只有一个对应值。树种建群概率既可以根据已有的经验数据估计得到，又可以根据其他模型如 LINGKAGES 模型的模拟结果估算得到。

4.1.1　模型结构

LANDIS 模型最初由威斯康星大学麦迪逊分校开发，用于模拟森林景观干扰、演替和管理的空间直观景观模型。LANDIS 模型把景观看作由相同大小的样地(像元)组成的格网(图 4-1)。像元被归入环境相似的土地类型或生态区。在每个土地类型内，具有相似的物种建群系数、火烧轮回期以及可燃物的积累速率和分解速率。

LANDIS 模型通过跟踪样地上物种的存在或缺失来模拟在风、火和采伐等自然和人为干扰下样地和景观尺度上的森林动态。同时，LANDIS 模型还在每一个

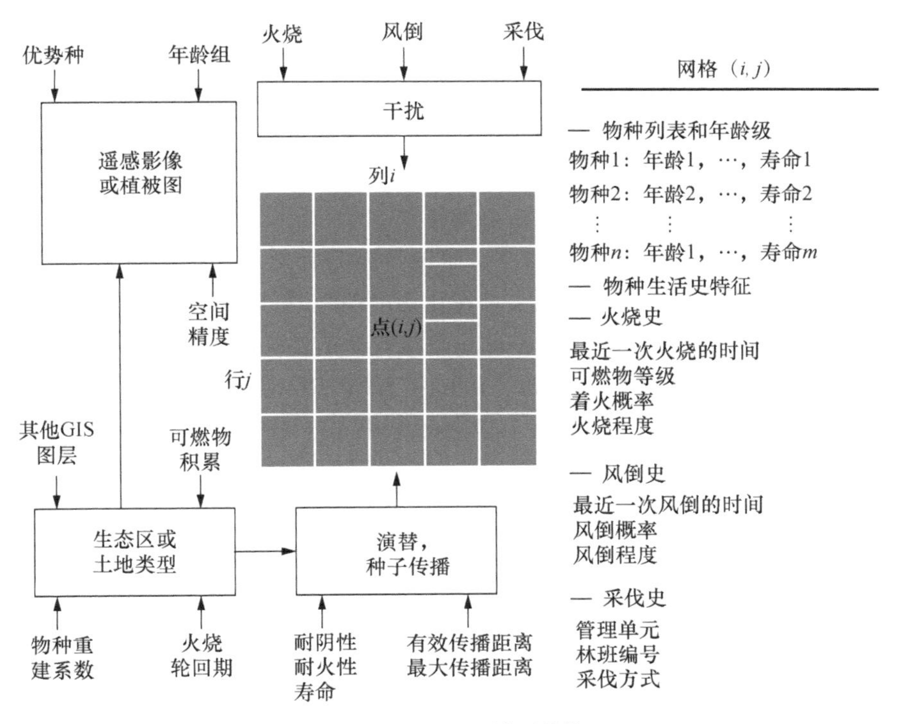

图 4-1　LANDIS 模型结构

像元上记录每一个物种信息和年龄信息。只记录树种的有无,并不记录物种的准确年龄,而是记录以 10 年为间隔的年龄组,这样就不能提供每个像元内树种组成和结构的定量化信息。LANDIS 模型的输出包括每一个种的分布图和年龄组分布图以及火强度分布图和采伐分布图。

LANDIS 模型中的物种的建群系数是 LANDIS 模型所设计用来反映物种在各立地类型上能够存活并且正常生长的能力,取值范围为 0～1,值越大表明物种越容易在该地区存活。物种的建群系数可以通过林窗模型模拟得到,也可以通过经验估计得到。立地类型可由数字高程模型、地形林相图、土地利用现状图、土壤类型图等其他 GIS 图层获得。LANDIS 模型跟踪每个像元上存在的物种、物种的年龄组成、干扰史及可燃物的积累,这些信息通过演替、种子传播、干扰等发生变化。每个像元初始的优势种信息可以由遥感影像或现存的植被类型图获得,亚优势种和年龄信息可根据经验和调查数据推出。演替、种子传播、风和火干扰以及采伐都与像元发生相互作用。

LANDIS 模型在每一个像元上记录每一个物种以 10 年为间隔的年龄信息,不记录物种的准确年龄。LANDIS 模型采用位数组存储物种的年龄信息(图 4-2)。数组元素按顺序记录年龄组(0～10 年,10～20 年,20～30 年,……)的存在(1)或缺失(0)。因为用 8 个字节长度的存储空间(64)就可以记录寿命为 64 年的物种,而用整数或字符数组,则分别要占用 256 和 128 个字节(整数类型占用 4 个字节,字符类型占用 2 个字节)。这大大节省了计算机的内存,从而使大尺度的空间模拟成为可能。同时,这种基于位的操作比常规操作效率更高,可以大大缩短模型的运行时间。LANDIS 模型采用面向对象的 C++语言,这使模型的设计要比传统的面向过程语言更灵活,且维护和更新更方便。

由于 LANDIS 模型采用了位数组,而该数组是针对以 10 年为时间间隔的年龄级设计的,这样 LANDIS 模型就很难在比 10 年更短的时间间隔上模拟森林景观动态。此外,当像元内没有物种时,空的位数组的存在会浪费大量的空间。如果使用链表则可以有效地解决这两个问题。1999 年有研究者提出了一种有序链表结构。

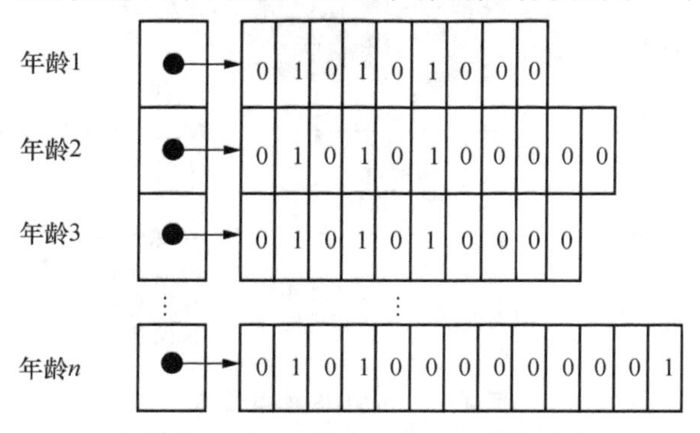

图 4-2 位数组对同一个像元内不同物种年龄级的表达

像元上存在的物种及每一物种存在的年龄级用单链表存储，根据像元上物种的多少及物种年龄级的多少可以动态地调整存储空间，所以有序链表结构能有效地减少数据的冗余量。由于采用了链表结构，年龄级和物种的增加及删除很方便，同时可以根据实际需要改变时间间隔。此外，有序链表结构还可以记录物种的数量和任何模型需要额外增加的信息。这使模型随理论发展得更新更方便。但是，有序链表结构由于增加了很多字节用于存储各年龄级的指针和其他同时存在的物种，浪费了很多额外的内存。这也使物种的繁殖、生长和死亡的模拟比位数组的数据结构要复杂。

1. 种子传播的模拟

LANDIS 模型分 3 步模拟种子传播(seed dispersal)过程：传播、光照条件检查和立地条件检查。首先，LANDIS 模型通过物种的成熟年龄确定森林景观中存在的种源。通过该种源，种子向四周传播。LANDIS 模型定义了种子传播的 2 个距离：有效传播距离(effective seeding distance)和最大传播距离(maximum seeding distance)。在有效传播距离的范围内，种子的传播可能性为 95%；在最大传播距离的范围外，种子的传播距离为 5%。在有效传播距离和最大传播距离之间，种子的传播可能性由如下公式得出：

$$P = e^{-b(x/\mathrm{MD})} \quad \mathrm{ED} < x < \mathrm{MD} \tag{4-1}$$

式中：P 为种子传播的可能性，ED 为有效传播距离，MD 为最大传播距离，x 为传播的目标点离种源的距离，b 为可调节系数($b>0$)，在当前版本中 $b=1$。

LANDIS 模型根据目的点离种源的距离确定传播可能性 P，并从 0 到 1 的随机分布中抽取一个随机数 P_r，如果 $P_r<P$，则种子则成功到达目的点。当种子到达目的点后，模型便开始执行光照条件检查的程序。LANDIS 模型把各个物种的耐阴性分成 5 级。1 级物种的耐阴性最低，5 级最高。如果到达物种的耐阴性小于 4 级物种，目的点上已有物种的耐阴性要比其低，则物种通过光照条件检查。对于耐阴性为 5 级的物种，它只有在目的点距离上次干扰的时间超过某一特定年限后才能通过。因为只有在超过此年限后，才有可能有足够郁蔽度以供耐阴性为 5 的物种生存。如果物种通过了光照检查，那么立地条件检查程序就会启动。

LANDIS 模型把异质的景观分成相对均质的立地类型的组合。每一种立地类型有相对一致的物种建群系数、火烧轮回期、火烧可能性和燃料积累特性。建群系数是模型用来测度环境条件(包括湿度、气候和养分等)对物种的适合程度的。这些因子并不是以机械的形式模拟的。在 LANDIS 模型中，建群系数(P)是以可能性的形式来表达的，这种可能性可以通过经验或生态系统过程模型的模拟获得。LANDIS 模型通过产生一个 0 到 1 之间的随机数 P_r 来确定当前的立地类型是否适合该物种生存。如果 $P_r<P$，则到达的物种在目的点成功建群。

2. 火和风干扰的模拟

火干扰是一种重要景观过程，可以通过机械或随机的方法来模拟。LANDIS

模型采用了随机的方法来模拟火烧。每一个像元的火烧可能性(P)由如下公式计算：

$$P = B \times \mathrm{IF} \times \mathrm{MI}^{-(e+2)} \tag{4-2}$$

式中：IF 为距离上次火烧的时间，MI 为平均火烧轮回期，B 为用于模型校正的常数。为了模拟火，模型首先确定可能的着火点。着火点的数目(N)由如下公式计算：

$$N = \mathrm{IC} \times N_i \tag{4-3}$$

式中：IC 为着火可能性系数，N_i 为第 i 个立地类型的总像元数。LANDIS 模型在每个立地类型上随机选取规定数量的点。针对每一个点，LANDIS 模型用式(4-2)计算该点所在像元的火烧可能性(P)。用一个 0 到 1 之间的随机数(P_r)来确定该像元是否能被成功点燃($P_r < P$)。火一旦在一个像元上发生，就开始扩散。扩散时首先考虑与其相邻的 4 个像元。随机确定火扩散的方向，从而确定扩散的目标像元。在目标像元上又用式(4-3)计算火烧可能性。这样重复循环，直至火的面积大小达到规定大小，或火已不能再扩散(遇到没有森林的像元或 $P_r > P$)。其中火烧面积(S)由如下公式确定：

$$S = A \times 10^4 \mathrm{MS}$$

式中：A 为常数，MS 为平均火烧面积大小。

r 为归一化的随机数，其公式如下：

$$r = \sqrt{-0.75\lg\alpha_1 \sin(\pi^2 \alpha_2)} + C \tag{4-4}$$

式中：α_1 和 α_2 是 0 到 1 之间的随机数，C 为常数，确保 r 的平均值为 0。用这种方法获得的干扰面积是随机的，而且服从对数正态分布，小干扰面积的发生概率要比大干扰面积高。这与实际观察的结果一致。

在 LANDIS 4.0 中，火干扰的模拟通过一种分等级的火频率模型(hierarchical fire frequency model)来模拟火的发生，火的传播充分考虑可燃物积累的数量和质量、坡向、坡度以及风的方向和传播等，能更为准确地模拟火干扰，详细的情况请参考文献(He et al.，2005)。

LANDIS 模型模拟火的严重程度。火烧是一个自下而上的过程。地表火只损伤幼苗，而林冠火则可以烧毁大树。LANDIS 模型根据火的危害程度不同，把火的严重程度分为 5 级。同时，LANDIS 模型也把物种的耐火性和脆弱性也分为 5 级。耐火性是不同物种对火的抗性，而脆弱性是指同一树种的不同年龄阶段对火的抗性。物种寿命的 5 个阶段(0～20%、21%～50%、51%～70%、71%～85%和 85%～100%)分别对应 5 个脆弱性等级，年龄越小，脆弱性越高，脆弱性级别越低。不同物种之间的耐火性差别可以根据经验和相关的文献获得，级别越高，耐火性越强。不同级别的火清除不同的物种和物种年龄组。1 级火只清除下列物种：耐火性级别为 1 而脆弱性小于等于 4，或耐火性级别为 2 而脆弱性级别小于等于 2，或耐火性级别为 3 而脆弱性级别为 1。火的严重程度级别由距上次火烧或采伐的时间和火所在的立地类型的火烧严重程度曲线控制。火的严重程度曲线定义随着可燃物的不断积累(距上次火烧或采伐的时间)，火所能达到的严重程度。

LANDIS模型对风干扰的模拟与对火的模拟相似。物种寿命的5个阶段(0～20%、21%～50%、51%～70%、71%～85%和85%～100%)分别对应5个脆弱性等级。树的年龄越小，其脆弱性级别越低，对风倒的抗性最大。风倒的严重程度也可以分为5级，分别对应于5个脆弱性等级。但是在LANDIS 3.6以前的版本中，并没有考虑由于立地类型不同而引起的风倒严重程度的不同。

3. 采伐的模拟

LANDIS在一个等级管理结构(hierarchical management structure)中模拟采伐，整个森林景观被分为若干管理区(management areas)，不同的管理区有不同的采伐方案和管理目标。管理区可以是不连续的。不同的管理区可以有不同的采伐方案和管理目标。在每个管理区内，又划分为有固定边界的林班。在LANDIS模型中林班以具有相同标识的空间连续像元来表示。采伐在林班尺度上进行。

LANDIS模型首先确定要采伐的管理区。在管理区内对林班进行排序。排序方法包括根据林班的年龄、所具有的经济价值、年龄级分布排序或随机排序。林班年龄是指林班内所有像元内物种组最大年龄的平均值。林班经济价值(V)的计算公式如下：

$$V=\sum_{c}\sum_{i}\sum_{a\geqslant l}\frac{p_i}{m_i}\times a \tag{4-5}$$

式中：p_i 为物种 i 单位体积的木材价格，m_i 为物种 i 的成材年龄，c 为林班内的像元数，a 为物种年龄，i 为物种的可采伐年龄。年龄级分布的排序方法是基于管理区内林班年龄(林班中物种组的最大年龄)的频率分布，其目的是使管理区内的林班年龄分布均匀。这种排序方法能使模型在那些年龄级出现过多的林班内采伐。LANDIS模型计算每一林班年龄出现的次数，然后根据如下的公式计算每个林班的排序值(R_j)：

$$R_j=\frac{\mathrm{e}^j\,\mathrm{freq}(j)}{\sum \mathrm{e}^a\,\mathrm{freq}(a)} \tag{4-6}$$

式中，j 指目前林班年龄，a 代表管理区内林班年龄。根据林班的年龄、所具有的经济价值、年龄级分布进行排序时，如果其排序值一致，那么模型就根据林班的标识号排序。

根据上述排序规则，模型就可以根据优先顺序选定林班实施采伐方案。采伐方案由采伐的时间、采伐的地点和采伐的物种组成。采伐时间决定采伐是一次性的，分两次进行，还是周期性的。一次性采伐只模拟一个时间步长(10年)

的采伐。分两次进行的采伐则可以用来模拟在森林经营中常用的母树采伐或择伐。对于采伐的地点，LANDIS 模型有 3 种模拟方式：①限于林班的采伐；②限于面积的采伐；③限于用户定义斑块的采伐。对于第一种模拟方式，采伐的面积和所采林班的面积一致，对于第二种方式，LANDIS 模型根据用户定义的采伐面积平均大小和方差，产生随机数确定某一次采伐时的采伐面积，采伐从所选林班内随机选取的像元开始向其四周延伸，直到达到所产生的面积大小为止。这种采伐方式不受林班大小限制。对于第三种采伐方式，用户可以定义需要采伐的斑块并以栅格的形式输入模型。这样模型所模拟的采伐就只限于用户所定义的斑块内。最后，采伐方案中还需要有采伐的树种及树种年龄。在这一部分中，模型还可以通过在采伐完的像元内产生 0～10 年龄级的树木幼苗来模拟采伐之后的人工造林情况。

4. 生物干扰的模拟

在 LANDIS 4.0 中，该模型还可以模拟生物干扰（biological disturbance），这在以前的版本中是没有的。生物干扰如病虫害的暴发等，是森林变化重要的驱动力。它不仅可以造成单棵树木的死亡，还可以造成大面积的森林死亡。LANDIS 模型中该模块主要是来模拟在景观尺度上森林病虫害大规模暴发所造成的森林死亡对森林演替、火干扰以及采伐等的影响。

每个像元内发生森林病虫害的可能性，主要是由该像元内的树种组成、年龄结构决定的。此外，4 个其他因子共同影响着森林病虫害的暴发：①环境因子，距离上次干扰的时间；②分布在周围环境中森林害虫的数量；③森林病虫害暴发的周期，是循环暴发，还是随机暴发，或者慢性暴发，等等；④空间易感染带的分布。这些因子相互作用共同影响着森林病虫害暴发的可能性及其对森林演替、风、火和采伐等干扰。

5. 可燃物及其管理的模拟

对可燃物及其管理的模拟也是 LANDIS 4.0 新增的功能。在该模块中，可燃物可分为 3 类，分别是细可燃物（fine fuels）、粗可燃物（coarse fuels）及活可燃物（live fuels）。细可燃物主要包括枯枝落叶以及小的死树枝（直径小于 0.25 英寸，1 英寸≈2.54 cm），它们是火干扰发生的主要来源。粗可燃物包括死亡的树木或树枝，直径一般大于 3 英寸，它们主要影响火的强度。活可燃物主要指存活的树木，它们在发生高强度火（如林冠火）时也会被点燃。不同物种形成的细可燃物由于其不同的物理和化学性质，具有不同的可燃性。在该模块中，燃料质量系数（fuel quality coefficient）用来调控不同物种所形成的细可燃物的差异，取值范围为 0～1。燃料质量系数越高，所形成细可燃物的可燃性越高。如果物种形成的细可燃物之间的可燃性没有明显的区别，可以设成一个值。如果像元中有多个物种，那么细可燃物（FF）的数量计算如下：

$$FF = \left(\sum_{i=1}^{n}(Age_i / Long_i \cdot FQC_i)\right) / n \qquad (4-7)$$

式中：Age_i 为物种 i 在该像元内的年龄，$Long_i$ 为物种 i 的最大年龄，FQC_i 为物种 i 的燃料质量系数。

与细可燃物的积累不同，粗可燃物积累主要是通过林分的年龄以及干扰历史（距上次干扰时间）来决定的。粗可燃物的数量主要由输入与分解速率所决定的，不同的立地类型，其数量不同。例如，在湿的立地类型中，分解速率较高，则粗可燃物的数量较低；而在干旱的立地类型中，分解速率较低，则粗可燃物的数量较高。活可燃物可以用来调节火干扰强度。例如，如果像元内有很容易燃烧的树种存在，中等强度火干扰很可能转化成高强度的火干扰。

4.1.2　物种参数

在像元水平上（cell scale），LANDIS 模拟树种演替是通过树种各种生理特性驱动的，模型通过树种的寿命、耐阴性、耐火性、成熟年龄、萌发能力、种子传播距离等树种特性决定树种的萌发、生长、竞争、繁殖以及死亡。本研究区所包含的 11 个树种的生活史特征参数主要从相关文献和实地调查以及咨询相关林业专家获得。具体参数值见表 4-1。

表 4-1　研究区物种生活史特征参数

树种	寿命/年	成熟年龄/年	耐阴性	耐火性	有效传播距离/m	最大传播距离/m	萌发率	萌发年龄/年
红松	400	40	4	4	50	100	0	0
云杉	300	30	4	4	50	150	0	0
椴树	300	30	4	2	100	100	0.1	60
色木	200	30	4	3	100	200	0.3	60
杨树	150	30	2	1	−1	−1	1	0
白桦	150	20	1	1	20	4 000	0.8	50
落叶松	300	30	2	5	100	200	0	0
胡桃楸	250	15	2	4	50	100	0.9	60
水曲柳	300	30	4	2	50	150	0.1	80
柞树	300	30	4	3	40	100	0.5	60
枫桦	150	20	1	1	20	4 000	0.8	50

4.1.3　模型验证

模型的验证分为 2 种：一是模型设计原理及结构的验证，即为了确保模型的设计、结构、算法以及假定的合理性，或至少是有依据的，它需要在预测结果的验证之前进行，由此确保正确的结果不是由于错误的设计而随机获得的；二是模拟结果的验证，即在确保模型结构和设计原理合理的前提下，验证模型输入参数的合理性和可靠性。就模型本身的合理性而言，LANDIS 模型已广泛用于预测北美洲及中国东北地区森林景观对气候变化及采伐等干扰的响应，模型本身假设与结构的合理性已经得到多次验证。同时，为了提高模拟结果的可信度，本研究利用 2013 年露水河林业局 20 个样地调查数据（每公顷的截面积和株树）对模型进行校正，参数调整直到模拟结果与实际相近。

4.1.4　树种面积变化分析

环区开发后紧邻保护区界线，原有林地转变为建设用地，假设这种土地利用转变会影响种子扩散和萌发，可能有利于白桦等先锋树种的更新，环区开发促使形成单一的次生白桦林带，从而进一步影响保护区内部森林的自然演替。因此，土地利用变化界定为非渗透地表（建设用地、道路）和渗透地表（林地）的变化。

情景 1，以研究区现状土地利用（已经开发完成了城镇扩张、道路建设）为初始状态进行模拟。情景 2，假设外围没有发生土地利用的变化（即保护区外没有进行开发，仍为林地或小路）为初始状态进行模拟。情景 2 将保护区内外视为连续的森林，没有被道路等人为景观打断，模拟结果视为无人造景观影响的森林演替。2 种情景的差别反映外围建设对保护区内部造成的影响。

2 种情景下模拟的树种分布面积差由两大方面原因引起：第一，由于两种不同的土地类型（林地和建设用地），树种绝对面积均小于无道路情景；第二，由于修建道路改变了原生境，树种更新发生变化。研究中需要排除第一种原因引起的面积差，即由类型转换引起的直接面积减少。因此，需要将情景 2 模拟结果减去 2 种情景的原始面积差：

$$S'_{2t}=S_{2t}-(S_{20}-S_{10}) \tag{4-8}$$

$$\Delta S=S'_{2t}-S_{1t} \tag{4-9}$$

式中：S'_{2t} 为调整后情景 2 模拟结果，S_{2t} 为情景 2 模拟原结果，t 为模拟时间，S_{20} 为情景 2 期初面积，S_{10} 为情景 1 期初面积，S_{1t} 为情景 1 模拟结果。

2 种情景面积差，反映了修建道路对树种更新和分布的影响。$\Delta S>0$，说明外围土地利用变化抑制树种分布，面积减少；$\Delta S<0$，说明外围土地利用变化促进树种分布面积增加。

4.1.5　景观格局分析

景观格局分析可以揭示不同景观类型在空间上的组合规律、变化过程、景观格局与功能之间的关系，是了解景观变化的基本途径。景观格局可以通过文字描述、图表描述和景观指数描述来表达，其中景观格局指数是高度浓缩的景观格局信息，其能够反映景观结构组成、空间配置特征，是量化景观格局特征的指标。景观格局指数使得数据获得一定统计性质以及能够比较分析，可以变焦不同尺度上景观格局特征等优点，是进一步定量化景观格局和过程的关系的基础，因而成为景观生态学最为常用的定量化方法。李秀珍等(2004)评价了常用指数的实用性和局限性，指出大部分指数所指示的格局特征往往是不全面的，即它们只对格局中个别因子的变化反应敏感而对别的因子的变化反应迟钝。比较值得推荐的指标有总斑块数目、平均斑块大小、总边界密度、分维数、蔓延度和聚集度，但仍存在局限性和冗余。

本研究采用自然演替方案模拟有道路和没有道路2种情景下，自然演替50年后主要树种和景观格局变化。选用斑块面积(CA)、斑块个数(NP)、最大斑块指数(LPI)、聚集度指数(AI)、蔓延度指数(CONTIG-MN)、欧几里得邻近距离指数(ENN-MN)，应用Fragstats软件计算。

4.2　结果分析

4.2.1　主要树种分布面积变化

主要树种在无道路和有道路2种情景下面积变化趋势相似。模拟50年间，白桦面积先下降后上升，白桦的寿命相对较短，随着森林的演替，逐渐被其他耐阴性强寿命长的树种代替。由于白桦是先锋树种，具有较强的裸地占有能力。在模拟时间10年后，白桦的面积又逐渐增加(图4-3)。枫桦和杨树模拟期间呈下降趋势，由于模拟初期枫桦和杨树多为成过熟林，人工造林补植的杨树未进行采伐，随着顶级树种的重要性增加，先锋树种慢慢退出此生态系统。

色木、水曲柳、椴树、胡桃楸面积增加，云杉、红松、落叶松面积变化幅度小于阔叶树种，总体呈小幅增加趋势。无论何种情景，模拟50年间，杨树和枫桦总面积减少，针叶树种总面积增加不超过1%，阔叶树种面积增幅较大。

对比2种情景下各树种面积差：修建道路情景枫桦和杨树面积大于无道路($\Delta S<0$)，其他树种$\Delta S>0$。针叶树种中，落叶松波动幅度较小，模拟20年间$\Delta S<0$，30年后$\Delta S>0$。红松模拟40年间ΔS持续上升，第50年略下降。云杉在模拟前30年影响差异较小，40年开始ΔS增加。阔叶树种中，水曲柳、椴树、柞树在模拟50年间ΔS持续增加，胡桃楸50年间ΔS波动最小，色木上升下降再上升，白桦呈上下波动变化趋势，总体波动幅度较小。

修建道路改变了局部生境，促进了杨树和枫桦的萌发和更新。阔叶树种的入侵易形成落叶松白桦为主的混交林。在无道路连续生境环境下，红松、云杉、水曲柳、椴树等顶级群落的优势物种的更新情况良好。修建道路对胡桃楸影响较小。胡桃楸路边分布较少，而在自然状态下，胡桃楸种群幼年存活率较低，幼年期死亡

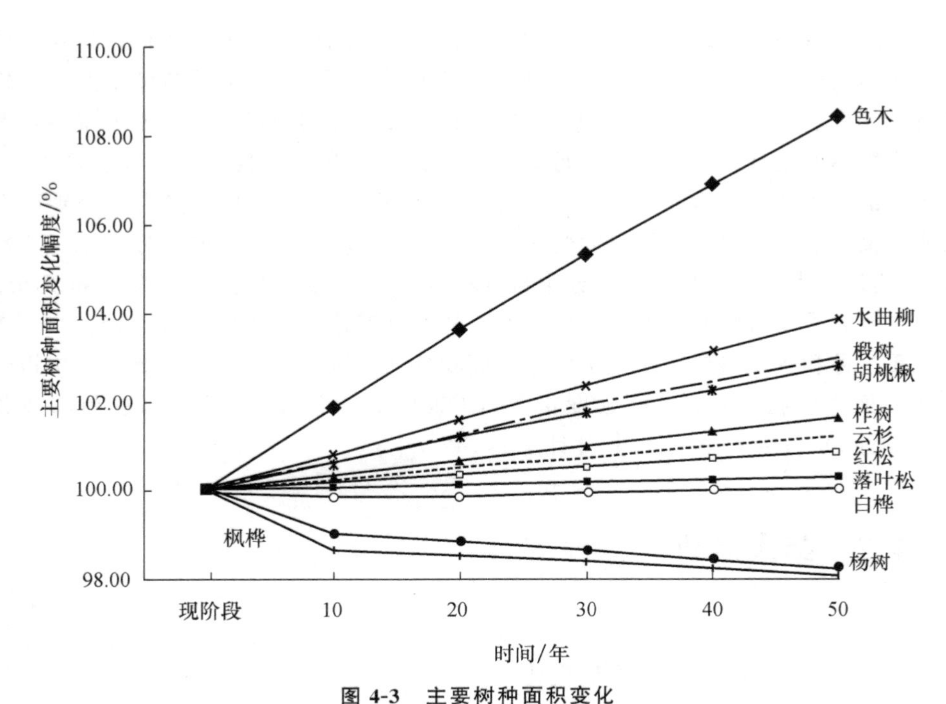

图 4-3 主要树种面积变化

注：无道路和有道路 2 种情景，树种面积绝对差值较小，变化趋势线基本重合。

率较高，在成熟期和成熟后期表现了多数个体能生存到生理年龄。因此，胡桃楸整体数量小幅度增加，受道路影响较小。

对比 2 种情景下各树种面积差 ΔS：枫桦和山杨面积情景 1 大于情景 2($\Delta S<0$)，落叶松模拟前 20 年 $\Delta S<0$，随后 $\Delta S>0$(图 4-4)。保护区外围发生的土地利用变化有利于山杨和枫桦的萌发和更新。$\Delta S>0$ 的树种中，云杉、水曲柳、柞树、椴树随着模拟时间的增加，ΔS 持续上升。胡桃楸 50 年间 ΔS 波动最小。色木和白桦 ΔS 变化呈波动，但所有时期 $\Delta S>0$。针叶树种红松和云杉随着模拟时间增加，ΔS 大幅度上升，远高于落叶松。

4.2.2 树种景观格局变化

道路的修建改变了周围的生境，导致主要树种总面积均减少。但是，树种的斑块密度(PD)、欧几里得邻近距离指数(ENN-MN)发生不同方向的变化。胡桃楸、云杉、落叶松、红松、杨树斑块数量(NP)增加，斑块密度增加，ENN-MN 降低；云杉、红松 ENN-MN 指数降低较大；红松、云杉蔓延度指数(CONTIG-MN)减小，胡桃楸不变，其他树种均增加；最大斑块所占景观面积的比例(LPI)减少，胡桃楸变化较小。上述景观指数变化趋势表明修建道路可能促使针叶树种景观破碎化，要素密度增加；红松和云杉景观连通性降低；胡桃楸景观格局受道路影响较小。结果表明，2

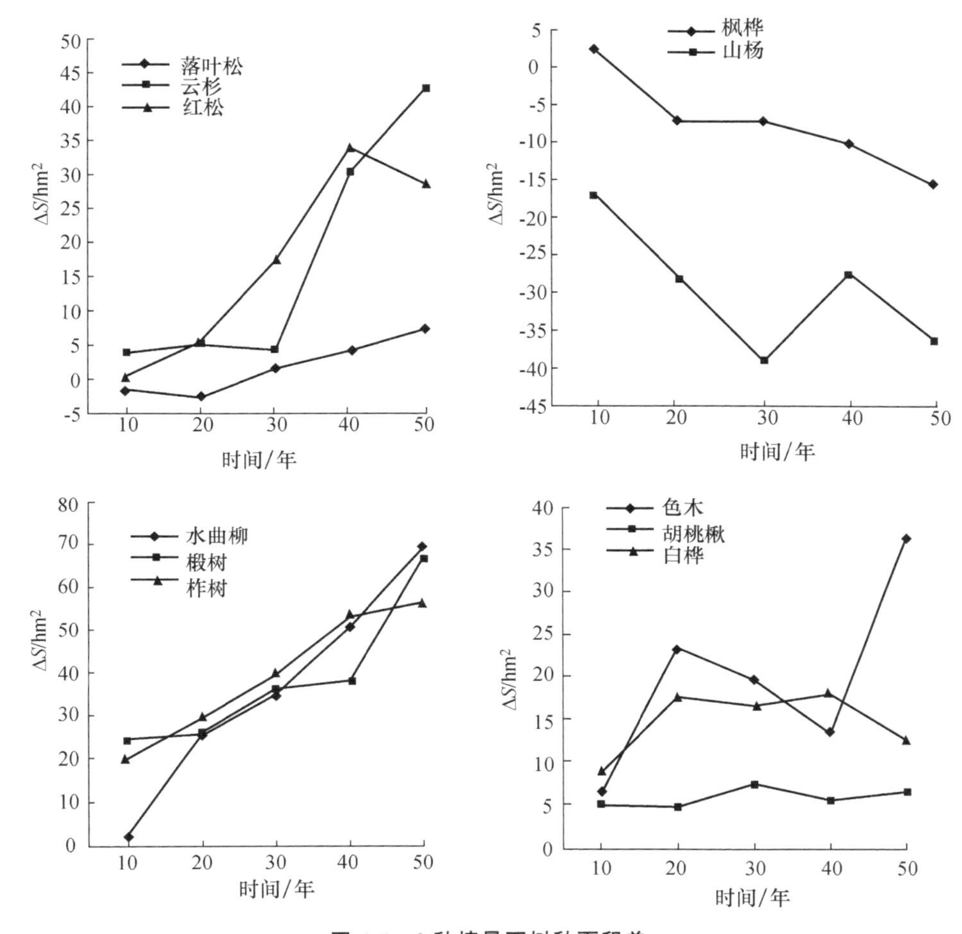

图 4-4　2 种情景下树种面积差

种情景下，落叶松 CONTIG 指数增加最多，表明修建道路会增加落叶松的蔓延度。

色木、水曲柳、椴树 NP 减少，PD 增加，ENN-MN 相对增加较少；最大斑块所占景观面积的比例(LPI)均减小。结果表明，上述 3 种树种 NP 减少多源于道路占用，因此其 ENN-MN 变化较小(表 4-2)。3 个树种 CONTIG-MN 小幅度增加，可能多源于森林群落的自然演替。

白桦、枫桦、柞树 NP 减少，PD 增加，ENN-MN 相对增加较多，表明 3 种树种受道路影响较大，可能由于修建道路造成了斑块距离增加。CONTIG-MN 增加表明修建道路有利于 3 个树种的更新和扩散。

表 4-2　树种分布景观格局变化

树种	NP			PD			ENN-MN		
	无道路	有道路	变化	无道路	有道路	变化	无道路	有道路	变化
色木	22 378	22 069	−309	6.986	6.890	−0.096	66.308	66.318	0.010
白桦	4 474	4 359	−115	1.397	1.361	−0.036	87.736	90.089	2.353
枫桦	3 155	3 102	−53	0.985	0.968	−0.017	94.975	96.391	1.417
水曲柳	9 666	9 417	−249	3.018	2.940	−0.078	79.676	80.131	0.455
胡桃楸	1 113	1 141	28	0.348	0.356	0.009	123.900	115.981	−7.919
落叶松	1 876	1 945	69	0.586	0.607	0.022	99.165	96.116	−3.050
柞树	7 790	7 724	−66	2.432	2.411	−0.021	79.452	80.963	1.511
云杉	752	830	78	0.235	0.259	0.024	221.030	204.711	−16.318
红松	637	697	60	0.199	0.218	0.019	199.028	189.851	−9.176
杨树	6 345	6 413	68	1.981	2.002	0.021	101.014	99.995	−1.020
椴树	9 227	9 190	−37	2.881	2.869	−0.012	66.287	66.617	0.331

树种	CONTIG-MN			LPI		
	无道路	道路	变化	无道路	道路	变化
色木	0.107	0.109	0.002	14.429	7.782	−6.647
白桦	0.174	0.179	0.005	16.115	9.216	−6.899
枫桦	0.142	0.149	0.007	12.753	11.987	−0.766
水曲柳	0.080	0.082	0.003	4.052	1.801	−2.252
胡桃楸	0.163	0.163	0	1.153	0.951	−0.202
落叶松	0.256	0.268	0.012	22.872	14.931	−7.941
柞树	0.071	0.076	0.005	11.156	8.709	−2.447
云杉	0.606	0.588	−0.018	31.852	27.251	−4.601
红松	0.579	0.569	−0.010	19.598	14.027	−5.571
杨树	0.146	0.152	0.006	7.891	5.064	−2.827
椴树	0.077	0.080	0.004	39.247	26.786	−12.461

4.2.3　森林景观格局变化

对比修建道路和无道路 2 种情景下的森林景观动态。利用模型模拟 50 年的树种自然演替和森林景观。无道路情境下，针叶林和针阔混交林的连接性是最好的，镶嵌分布形成比较明显的景观基质。有道路情景下，针叶林呈聚集分布，且面积大于另一种情景。

环形道路对长白山自然保护区的景观孤立效应显现明显(表 4-3)。有道路情景，保护区内斑块数量、LSI 明显减小，CONTAG 增加，斑块离散度降低，隔离度增加。保护区内部有道路和无道路 2 种情景差异区域呈大斑块状分布，而保护区外部的差异多呈小班块密集分布。

表 4-3　2 种情景模拟结果景观指数对比

情景类型	NP	LSI	CONTAG	ENN-MN	SHDI
道路	5 999	23.82	38.12	302.14	0.986 8
无道路	6 475	32.14	35.25	300.74	0.985 3
差值	−476	−8.32	2.87	1.40	0.001 5

4.2.4　讨论

1. 树种面积差异分析

修建道路、酒店等建设项目，导致周围土地光照、温度等发生变化，利于枫桦和山杨等喜光先锋树种占据周边裸地以及在周边森林的更新，导致其分布面积增加。落叶松也是喜阳先锋树种，模拟前 20 年利于其更新，但是随着演替发展，因为内部耐阴能力差等而逐渐退出演替。保护区内部落叶松林多为成过熟林，在模拟后期其原有分布会逐渐减少从而抵消其新增，因此，落叶松在 2 种情景下 ΔS 表现为先负后正。白桦也是喜光先锋树种，但 $\Delta S>0$，这与模拟初始状态树种年龄有关，白桦一般在演替后期退出群落，其分布面积更多受到了森林演替的影响。

$\Delta S>0$ 的树种中，云杉、水曲柳、柞树、椴树随着模拟时间的增加，ΔS 持续上升。水曲柳、柞树、椴树一般在森林演替的后期直至阔叶红松林的顶级群落，因此这 3 种树种的变化更大程度是自然演替的结果。此外，水曲柳种子靠风传播，扩散能力较强，受外围道路的阻碍较小；柞树和椴树种子主要通过重力传播，主要分布在母树附近，其受到保护区外土地利用变化的直接影响较小。

胡桃楸 50 年间 ΔS 波动最小。胡桃楸路边分布较少，而在自然状态下，胡桃楸种群幼年存活率较低，幼年期死亡率较高，在成熟期和成熟后期表现为多数个体能生存到生理年龄。因此，胡桃楸整体数量小幅度增加，受外围影响较小。色木具有自身耐阴能力强、存活率高的优势，是各演替阶段都占据优势地位的树种，其模拟结果产生的波动取决于树种的初始分布和年龄，但各个时间段均为 $\Delta S>0$。

红松、云杉是耐阴性的地带性顶极树种，将发展为顶极群落，在未受到外围土地利用变化的影响下，它们将是杨桦次生林演替末期的主林层树种。因此，外围变化会打断保护区内外原有的森林演替进程，红松和云杉模拟结果 $\Delta S>0$。

本研究模拟的树种变化结果表明，外围土地利用的变化影响立地条件和微环境，对杨桦林的影响是正向的，但是随着模拟时间的增加，白桦 2 种情景差异是减小的。这一结论与样地尺度的研究结论基本一致。长白山白桦种群处于接近演替中期的近中等演替阶段，与天然次生杨桦林的演替指数基本符合。由于白桦种群中缺乏天然更新幼苗，随着演替的进行，白桦种群必将被其他种群代替。现阶段杨桦次生林的演替动向为先锋树种山杨及白桦正慢慢处于衰退趋势，而红松、云杉和冷杉等耐阴性树种是未来林分顶极优势树种。从演替过程来看，落叶松、白桦不是一种稳定植被类型，随着时间的推移、群落内种间关系的发展以及环境条件的变化，终将被云冷杉林更替，这与模拟的落叶松数量变化趋势一致。

2. 森林景观格局差异

2 种情景模拟结果，针叶林和针阔混交林分布产生差异，已有的样地尺度结论可以解译这一变化。外围环区道路基本沿保护区边界修建，修建道路改变道路两侧生境，原有占据绝对优势的乔木物种都已被采伐，速生物种白桦、山杨取代原有的森林树种，沿道路两侧会形成杨桦林带。保护区内侧禁止采伐等人为活动，保护区内部完全是自然演替，远离红松林的杨桦林下红松更新数量较少，只有邻近红松林的杨桦林下红松更新较好。沿边界内侧理论上由次生杨桦林向阔叶红松林的自然演替。因此，沿边界（或道路）保护区内侧模拟结果为针叶林；如果未修建道路，自然演替结果为针阔混交林。此外，红松种子传播依靠动物传播，动物会有选择的埋藏种子，红松种子产生的幼苗呈聚集状分布。因此，外围土地利用变化尤其是环状道路修建，势必增加红松的聚集度，并且影响阔叶红松林和针叶混交林的景观结构。

长白山自然保护区外围森林属于吉林省森工集团不同林业局经营。经过几十年的采伐、造林、开发和建设，原来较大的自然景观斑块被分割为许多较小斑块或将原来较大的森林景观斑块改造为较小的异质斑块，森林景观呈破碎化。在这个过程中，斑块边缘逐渐增加，树种的入侵从斑块边缘开始，逐渐向内部发生自然演替。因此，在保护区外围不同情景下，模拟结果的差异呈细碎零散分布，保护区内部采伐和人为活动严格受到限制，呈大斑块聚集分布，斑块内部受外界影响较小。

3. 模型模拟

模型验证是 LANDIS 模型的一个挑战，尤其是对长期的大尺度模拟结果的验证。已有研究成果根据野外调查资料、国家林业清查数据等对生物量、碳储量进行分析比较，研究表明模型适用于中国东北地区森林景观模拟以及采伐、林火、气候变化等影响的模拟。本研究中采用的模型参数通过露水河林业局三期林相图和 20 个样地调查数据进行模型校正和参数调整。此外，研究中设置的 2 个土地利用情景，除立地类型不同外其他模型参数一致，模拟结果具有可比性。

本研究设定的 2 种情景皆在考虑保护区在外部公路和建设项目干扰下沿线生境发生了较大改变，原有群落组分因不再适应新生境而受到损害，但随着时间推移必然会出现适应新生境的种群，从而造成森林群落演替的变化。LANDIS 模型分 3 步模拟种子传播过程：传播、光照条件检查和立地条件检查。在光照条件检查中，如果到达物种的耐阴性小于 4 级，目的点上已有物种的耐阴性要比其低，则物种通过光照条件检查，耐阴性为 5 级的物种，只有在目的点距离上次干扰的时间超过某一特定年限后才能通过。这是基于森林自然演替以及采伐等干扰的演替机制。但是在建设用地（道路、居民地）周边其光照条件是相对稳定的，其周边适合喜光树种的生长，在本研究区多为杨桦林。因此，可以假设在道路周边形成杨桦林带，以此种分布为基础进行模拟，增加路边单独的立地类型，其模拟结果能反映相对闭合的环区和路共同向内作用于保护区内部，影响的范围和程度可能更大。本研究中采用相对保守的情景估计，从模拟结果看，土地利用变化对保护区内部树种的面积影响较小，分布差异存在一定的概率性，但已经能够证明差异性，影响趋势结论是有效的。森林群落的变化会更进一步影响栖息地生境和动物活动路线、范围，而动物又影响种子的传播扩散，这种交互影响难以通过 LANDIS 模型预测，土地利用变化的长期影响还需要进一步监测和研究。

第5章　外围土地利用变化对动物活动的影响

环长白山旅游公路于主要沿着长白山自然保护区环区公路，利用原有林道建设。据长白山科学研究院几十年的经验及零散的数据积累，该林道上常见马鹿、狍子、野猪，可以认为在道路扩建之前，道路对野生动物的影响是微乎其微的。新建环区公路起点为池北区，终点为池南区，全长 84.132 km，有大约 21 km（K10～K31）与保护区边缘重合，有约 6 km（K31～K37）穿越了长白山自然保护区实验区。公路采用二级公路标准，设计行车速度 60 km/h，路基宽度 10 m。其余路段与保护区界几乎平行，与保护区界相距 8 km 左右。项目 2007 年 5 月开工，2009 年 9 月交工通车（李欣，2013）。

环长白山旅游公路 K10～K37 段沿着长白山国家级自然保护区实验区边缘布线，长白山国家级自然保护区是世界人与生物圈保护地之一，是我国生物多样性丰富区域之一。植物有 2 277 多种，有国家重点保护植物 25 种，动物有 1 225 余种，属国家重点保护动物 59 种，现存经济价值较高的野生经济动物 20 余种，主要有国家一级重点保护野生动物紫貂，此外还有狍黄鼬等。

道路对野生动物造成的直接致死效应最为显著，然而道路对两侧野生动物的阻隔效应（包括野生动物分布、移动、基因变化等）影响是长期和间接的，不易证明，研究也较少。道路对食肉类种群影响最大，不仅是直接的道路交通致死，更重要的是间接的阻隔效应。王云等（2016）在东北地区的环长白山旅游公路上发现了野生动物致死效应和鸟兽痕迹有向公路两侧 200 m 范围内聚集的趋势。公路两侧中大型兽类种类有显著差异，雪季时兽类种类和痕迹数量均有显著性差异。在长白山区，红松阔叶林是野生动物的最适宜栖息地，红松阔叶林内野生动物穿越公路的种类和频次显著多于白桦次生林路段。道路对森林景观的影响属于间接和长期影响，很难通过短时间调查得到证实，理论模型可以模拟和预测这种影响，更为重要的是，可以作为管理工具来制定一些经济有效的目标控制策略。

5.1　模拟平台 Netlogo

模拟平台 Netlogo 最早是由 Uri Wilensky 于 1999 创建，Netlogo 1.0 在 2002 年

4月发行，本章使用的是5.0.5版本。Netlogo是一个把自然和社会现象进行仿真的可编程建模环境，适合对随时间演化的复杂系统进行建模，建模人员能够向独立运行的主体发出指令，这就使得探究微观层面的个体行为和个体交互与整体涌现出的宏观模式之间的联系成为可能，在许多领域都可以作为一个得力的研究工具。

Netlogo世界由海龟、瓦片、链和观察者4个主体构成。每个主体同时执行着观察者制定的行为规则，观察者可以随时观察并输出主体的行为状态。正方形的瓦片构成整个世界的地面，海龟可以在这个地面上自由活动，链可以连接2个海龟，观察者可以俯视观察海龟、瓦片、链的活动。Netlogo软件主窗口包括Interface、Information和Procedure 3个界面。Interface界面包括参数输入滑条、模型控制滑条以及模拟结果图像输出等，界面见二维码5-1；Information界面主要用于进行模型描述和解释；Procedure界面是编写程序的区域，主要用于制定主体行为规则和输出需要的结果，这部分是整个世界运行的基础。

二维码5-1
Netlogo软件界面

5.2　模拟设计思路

所有动物为了生存，个体扩散都是以食物为导向。本章选取长白山动物存活量比较多的5种动物(熊、野猪、紫貂、花尾榛鸡、松鼠)，形成2组食物链，捕食关系见图5-1，模拟流程见图5-2，模拟参数设置见表5-1。动物个体行为规则设定如下：

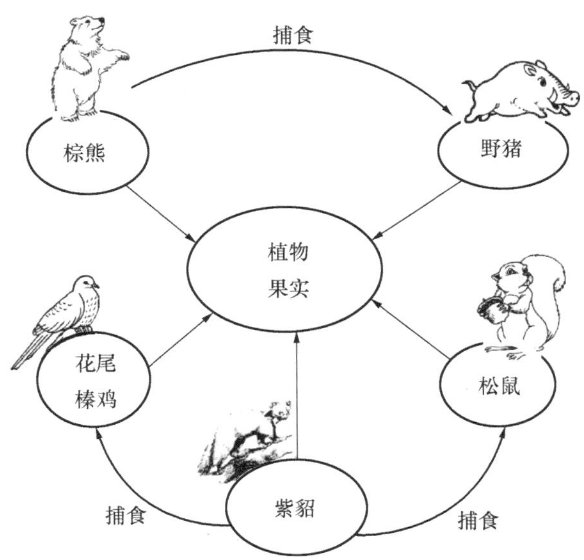

图5-1　动物捕食关系图

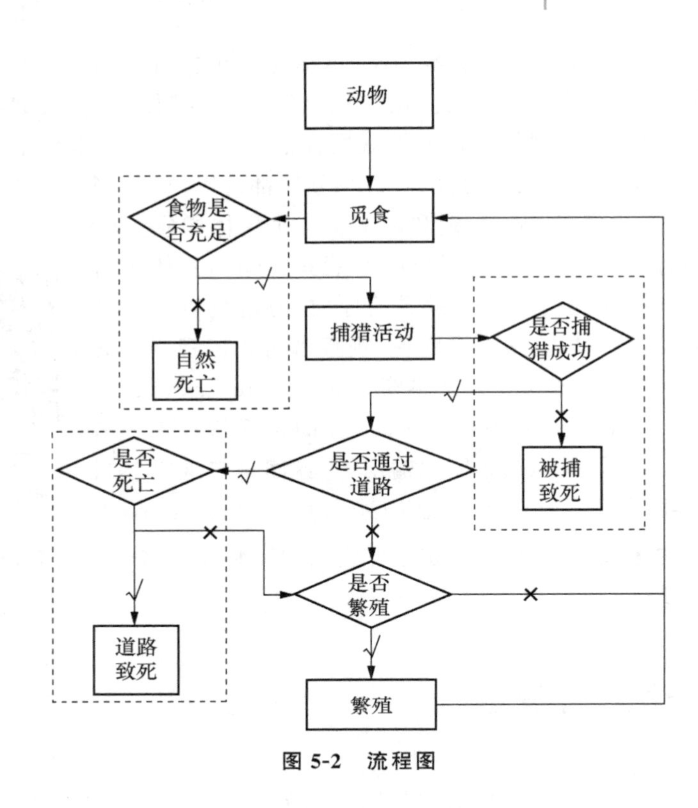

图 5-2 流程图

表 5-1 模型参数设置

基本参数设置	紫貂-花尾榛鸡-松鼠	棕熊-野猪
半径 r	5 个 patch	5 个 patch
最大速度 v	0.3 个 patch	0.5 个 patch
追捕成功率 f	0.5	0.5

(1)初始设定　所有动物起初都分布在特定的区域内,红松林的每处地方都有相同多的植物果实。

(2)觅食　捕食者(熊、紫貂)与被捕食者(野猪、花尾榛鸡、松鼠)均以植物果实为食,在以自身所在位置为中心,在半径为 r 的范围内寻找红松果实最丰富的地方,并朝着这个方向,以各自的速度前行,每一步代表实际天数一天。各类动物对松子的消耗量不同,每一天每一处的植物果实都会减少。每年年初会重新生长出丰富的果实。

(3)追捕与逃离　当捕食者在一定的视角范围以及视线距离内,发现有最近的被捕食者存在,以最大的速度 v 展开追捕,而且追捕成功的概率为 f。同时被捕食者在自己的视角范围以及视线距离内发现捕食者的身影,会以最大速度 v 躲避追捕,向离自己最近的同类扩散,寻求队友的掩护。

(4)道路作用　在有道路阻隔的情况下,每种动物会以 s 的概率决定是否通过道路寻找食物。如果通过道路，交通道路的车流量以 d 的概率导致动物死亡，没有死亡的动物开始在道路另一侧展开觅食活动；如果没有通过道路，继续在道路一侧觅食。

(5)死亡　在动物的捕食范围内，食物供给数量小于同物种的数量，动物缺乏能量导致死亡。

(6)繁殖　根据每种动物的生活习性，简化其繁殖行为。每年年初，每个物种都会有一定随机数量的动物处于生殖期并繁殖后代，后代个数为其实际情况（松鼠一般每年共产 6～12 仔，紫貂产 2～4 仔，花尾榛鸡产 6～12 枚卵，野猪繁殖率高，每年可产 24～52 头，棕熊可产 1～4 仔）。

5.3　模拟结果分析

初始设定 5 种动物的数量都为 10，共模拟了 2 194 期。已有文献证实，道路对大型兽类的具有显著的阻隔作用，对花尾榛鸡的致死率比较高（李欣，2013；王云等，2016），因此设置花尾榛鸡的道路致死率为 0.6，棕熊的道路阻隔率为 0.4。

在有道路阻隔的情况下，野猪和松鼠在第 400 期时已经灭绝（二维码 5-2）。在无道路时，各物种多样性和物种数量相对较多，直到 1 800 期的时候松鼠数量开始趋于 0，动物种类多样性开始下降（二维码 5-2）。在食物为导向的生物栖息地，由于道路的阻隔作用和车辆的致死作用，物种的多样性无法得到长期保护。花尾榛鸡死亡数最多，大于被捕捉和自然死亡的数量（二维码 5-3 至二维码 5-5）。

二维码 5-2　2 种情景下模拟动物的数量变化图

二维码 5-3　有道路时被捕食者被捕食的数量变化图

二维码 5-4　有道路时被捕食者自然死亡的数量变化图

二维码 5-5　有道路时被捕食者道路致死的数量变化图

紫貂是花尾榛鸡和松鼠的捕猎者，野猪是棕熊的食物来源。无论有无道路的作用，紫貂的数量一直处于增加状态，松鼠和花尾榛鸡的数量先增加后减少，在模拟阶段，猎物先于捕猎者灭亡，野猪-棕熊的食物链也是如此，而且在道路阻隔和致死作用下，野猪和棕熊的数量都比较少（二维码 5-6、二维码 5-7）。

二维码 5-6　无道路时 2 个食物链动物数量变化图

二维码 5-7　有道路时 2 个食物链动物数量变化图

起初分布在特定范围内的动物，在无道路的情况下，野猪和花尾榛鸡为了觅食以及躲避追捕，大都分布在红松林的边缘地带，但是猎物很少分布到生境破碎程度高的地区。

在道路的影响，动物一般分布在道路内侧，隔绝了同物种信息交换的可能，同时物种多样性也在下降。

第 6 章　保护区外围城镇扩张区域模拟和空间管制

保护区外围的土地利用变化主要源于区域开发和城镇化驱动，因此，预测外围城镇扩张变化具有重要意义。采用 CLUE-S 模型进行外围土地利用变化布局模拟，从而预测城镇空间的发展趋势。CLUE-S 模型是土地利用变化研究中广泛使用的模型，基于土地利用与驱动因子之间的定量关系对区域内各种土地利用类型之间的竞争进行系统动力学仿真，在模拟土地利用时空动态方面具有明显的优势，可以全面考虑自然因子和人文因子，通过迭代方法综合空间分析和非空间分析，较好地模拟小尺度范围内土地利用变化情景，具有更高的可信度和更强的解释能力（周锐等，2012；吴健生等，2012）。

运用 CLUE-S 模型，以 1999 年土地利用分布图为模型输入数据，模拟预测了研究区 1991—2007 年的土地利用空间分布格局，对 2007 年的模拟结果进行检验，确定模型模拟精度。根据区域规划和统计资料，确定研究区 2020 年土地需求，在此基础上利用模型模拟 2020 年土地利用变化动态。现今我国全面开展国土空间规划工作，对原有各类规划进行整合。由于 CLUE-S 要确定目标年份土地需求，多以地区规划为基准，因此本研究中仍以 2020 年为目标年。该研究于 2009 年开展工作，模拟结果完成于 2011 年。至 2020 年，对比结果是对科学模型预测的验证，具有现实意义。

6.1　土地利用变化动力分析

6.1.1　驱动因子的选取

1. 选取原则

驱动因子的选择主要考虑以下原则：

（1）资料可获取　因子的选取应该以数据资料可获取为前提，并以利用已有的历史统计资料为主，辅之以一定的实地调查。

（2）因子能定量化　只有能进行定量化的因子才能进入模型中加以分析，虽然有些因子如土地政策，对土地利用变化的影响至关重要，但难以定量化，因此也不能选取。

(3)因子变异性　所选因子对土地利用变化的影响在研究区内应有空间差异，而不应该是一致的。

(4)因子独立性　所选因子之间相互独立，相关性小，这样不会人为加重某些因素的影响程度。

(5)与研究区土地利用变化的相关性较大　所选因子应该与研究区土地利用变化的相关性较大，相关性很小甚至不相关的因子应通过统计分析方法将其排除。

2. 驱动因子分类

乡镇内部和乡镇与外部的交通方便程度，以及与自然保护区距离的远近都影响着区域城镇化发展速度，也对乡镇发展的形态和土地利用空间格局产生影响。根据因子可获取性、空间差异程度、与土地利用变化的相关性选取以下空间驱动因子(表 6-1)。

表 6-1　驱动因子的选取与描述表

名称/文件名	描述
到公路的距离(sclgr0. fil)	量算每一个像元中心到最近公路的距离
到城镇的距离(sclgr1. fil)	量算每一个像元中心到最近乡镇中心的距离
到保护区的距离(sclgr2. fil)	量算每一个像元中心到保护区边界的距离
到河流的距离(sclgr3. fil)	量算每一个像元中心到最近河流的距离
到铁路的距离(sclgr4. fil)	量算每一个像元中心到最近铁路的距离
海拔(sclgr5. fil)	量算每一个像元海拔值
坡度(sclgr6. fil)	量算每一个像元点的切平面与水平地面的夹角

所选取的驱动因子对土地利用变化的影响与土地利用本身结合非常密切，并且在短时间内保持相对稳定，即使是发生变化，也是呈跳跃式的，而非渐进式的。其对土地利用变化的影响也是保持一种相对持续稳定的状态，例如一条交通道路的建设，在其建成前与建成后的变化是呈跳跃式的，其建成后将在一定时期内持续影响区域土地利用的变化(姬洋，2011)。

6. 1. 2　Logistic 回归分析

多元 Logistic 回归技术方法基于数据的抽样，能为每个自变量产生回归系数。这些系数通过一定的权重运算法被解释为生成特定土地利用类别的变化概率。多元 Logistic 回归已经被成功地运用到野生动植物栖息地研究、森林火灾的预测以及森林采伐分析等方面(谢花林等，2008)。土地利用格局模拟模型是根据式(6-1)的二元 Logistic 回归方程构建而成的。其目标变量(土地利用格局)是根据栅格图形数据得出的二分类变量，1 表示某种土地利用类型出现，0 表示不出现。

$$p=\frac{\exp(\beta_0+\beta_1X_1+\cdots+\beta_pX_p)}{1+\exp(\beta_0+\beta_1X_1+\cdots+\beta_pX_p)}$$

$$= \frac{1}{1+\exp[-(\beta_0+\beta_1 X_1+\cdots+\beta_p X_p)]}$$

$$= \frac{1}{1+e^{-(\beta_0+\beta_1 X_1+\cdots+\beta_p X_p)}}$$

$$\ln\left(\frac{p_i}{1-p_i}\right)=\beta_0+\beta_1 X_1+\cdots+\beta_n X_n \tag{6-1}$$

式中：p_i 为每个栅格可能出现土地利用类型 i 的概率；X 为各备选驱动因素。本研究中，发生比表示解释变量（驱动因子）每增加一个单位，土地利用类型的发生比的变化情况[$\exp(\beta)<1$，发生比减少；$\exp(\beta)=1$，发生比不变；$\exp(\beta)>1$，发生比增加]，而发生比是事件的发生频数与不发生频数之比。

应用中利用 ArcGIS 空间分析模块中的距离运算功能，得到下面 7 个距离图形，得到驱动因子栅格图（图 6-1）。

采用 SPSS 16.0 软件的 Binary Logistic 过程对各种土地利用类型和驱动因子进行回归分析。分析前，分别将耕地、林地、建设用地和未利用地 4 种土地类型和 7 种驱动因子的 ASCII 码文件通过 File Converter 软件转换为单列记录文件，然后将结果输入到 SPSS 16.0 中，对这 4 种土地利用类型与 7 个驱动力进行分析，得到各种土地利用类型的回归模型。

（1）建设用地公式如下：

$$\mathrm{Ln}\left(\frac{P_0}{1-P_0}\right)=1.61-0.000\,02X_0+0.000\,02X_1-0.000\,007X_2 -0.000\,05X_3-0.006X_5-0.053X_6$$

（2）耕地公式如下：

$$\mathrm{Ln}\left(\frac{P_0}{1-P_0}\right)=3.233+0.000\,009X_0-0.000\,03X_1-0.000\,006X_2 -0.000\,03X_3-0.000\,02X_4-0.007X_5-0.000\,2X_6$$

（3）林地公式如下：

$$\mathrm{Ln}\left(\frac{P_0}{1-P_0}\right)=3.121+0.000\,04X_0+0.000\,02X_1-0.000\,02X_2 +-0.000\,05X_4+0.003X_5+0.019X_6$$

（4）未利用地公式如下：

$$\mathrm{Ln}\left(\frac{P_0}{1-P_0}\right)=-27.778-0.000\,05X_0-0.000\,5X_1+0.000\,09X_2 +0.000\,3X_3+0.0004X_4+0.005X_5-0.163X_6$$

6.1.3　模型检验

对二元 Logistic 回归方程的解释能力一般用 Pontius R. G. 提出的 ROC（relative operating characteristics）方法进行检验。ROC 用于验证土地利用/覆盖变化

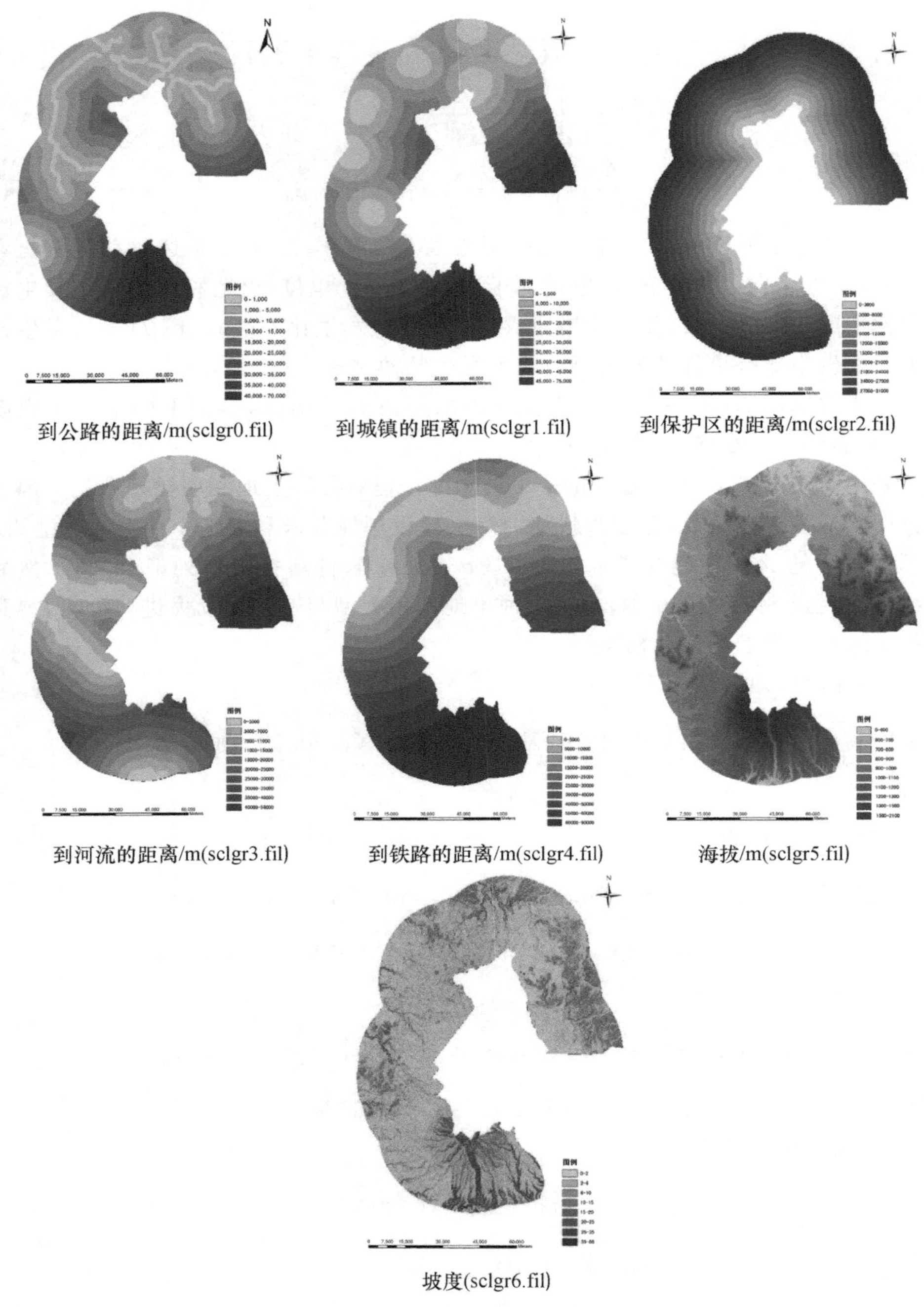

到公路的距离/m(sclgr0.fil)　到城镇的距离/m(sclgr1.fil)　到保护区的距离/m(sclgr2.fil)

到河流的距离/m(sclgr3.fil)　到铁路的距离/m(sclgr4.fil)　海拔/m(sclgr5.fil)

坡度(sclgr6.fil)

图 6-1　驱动因子栅格化图

模型。该方法是来源于二值可能性表，每个可能性表对应一种未来土地利用类型的不同的假设。检验指标 ROC 值介于 0.5 和 1 之间，0.5 表示回归方程的拟合优度最差，与随机判别效果相当；1 表示拟合优度最好，可以完全确定土地利用的空间分布；随 ROC 值的增加，Logistic 回归方程对土地利用分布格局的拟合优度逐渐上升，一般可以认为当 ROC 值大于或等于 0.7 时方程的拟合优度较高，反之则相对较低（刘荣等，2009；魏强，2010）。模型检验结果见图 6-2 至图 6-5。检验结果中，林地 ROC 值为 0.7，精度较低，这主要是因为林地具有较强的变化动态。林地和耕地之间的互相转换自然条件限制较小，动态变化较大。

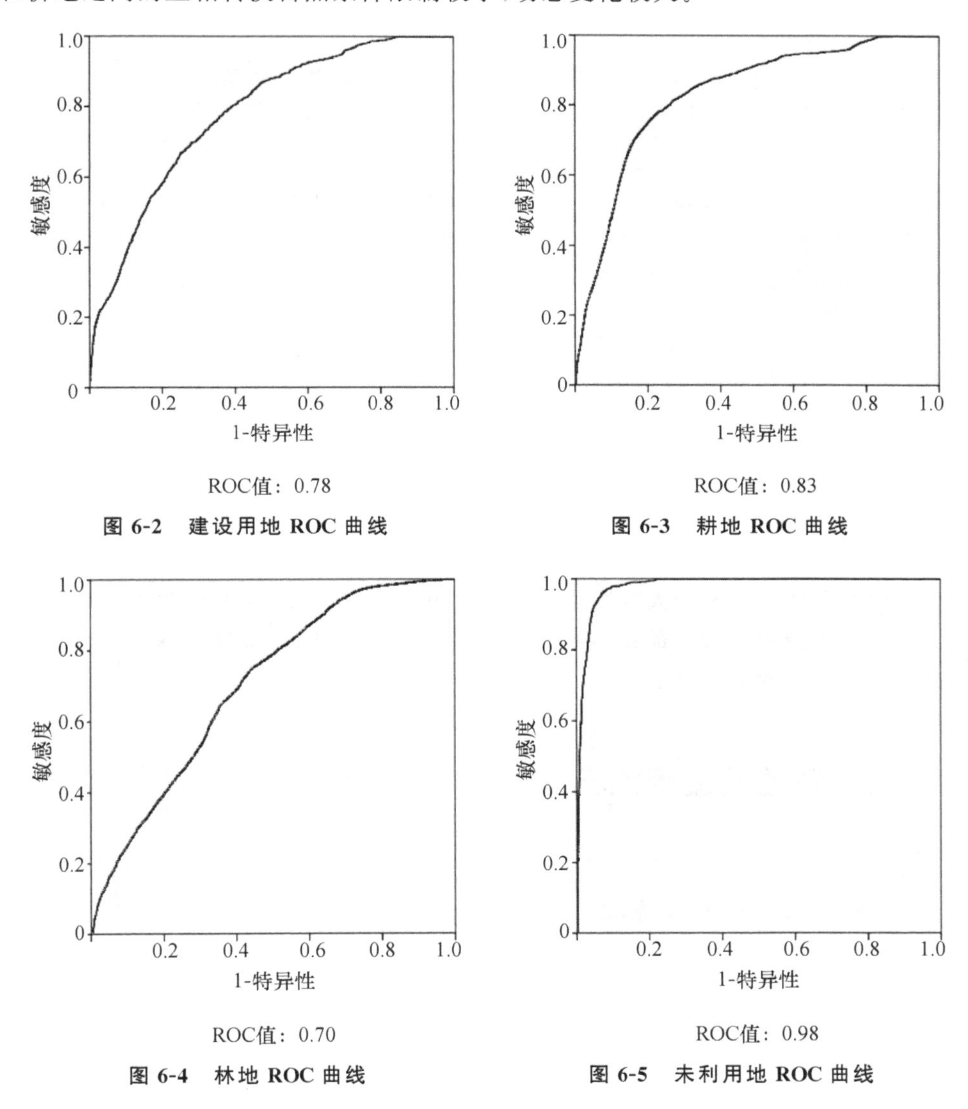

图 6-2　建设用地 ROC 曲线

图 6-3　耕地 ROC 曲线

图 6-4　林地 ROC 曲线

图 6-5　未利用地 ROC 曲线

6.1.4　结果

土地利用类型分布和面积变化与土地利用变化驱动因子定量关系的求解过

程主要分析各种土地利用类型与自然、生态、社会等因素之间的相互作用关系及其空间表现形式，通过土地利用变化及其驱动因子之间的空间回归分析来实现。对研究区168 120个样本点进行Logistic逐步回归分析。Beta系数为相应回归模型诊断出的关系系数，其中未通过置信度为0.05%显著性水平检验的系数记为“—”，不参与土地利用变化格局模拟模型的构建。本研究区各种土地分类的ROC都>0.7(表6-2)，这表明选取的驱动因子与土地利用方式之间有较好的相关性。

表6-2 各土地利用类型的Logistic回归结果(expβ值)

驱动因子	建设用地	耕地	林地	未利用地
到公路的距离	−0.000 020	0.000 009	0.000 040	−0.000 050
到城镇的距离	0.000 02	−0.000 03	0.000 02	−0.000 50
到保护区的距离	−0.000 007	−0.000 006	−0.000 020	0.000 090
到河流的距离	−0.000 050	−0.000 030	0.000 001	0.000 300
到铁路的距离	—	−0.000 02	−0.000 05	0.000 40
海拔	−0.006	−0.007	0.003	0.005
坡度	−0.053 0	−0.000 2	0.019 0	0.163 0
常数	1.610	3.233	3.121	−27.778
ROC	0.78	0.83	0.70	0.98

结果表明，耕地与城镇距离呈正相关关系，这表明耕地主要满足居民需求；林地与坡度呈强正相关，坡度越大林地分布概率越高，林地与海拔正相关性也较强，说明区域地形地貌条件很大程度影响林地的分布；建设用地与城镇距离呈正相关，城镇发展对建设用地需求最强，距原有乡镇越近建设用地分布概率越高；未利用地分布也主要受到地形的影响。

6.2 外围城镇用地布局模拟

6.2.1 CLUE-S模型原理

CLUE-S(conversion of land use and its effects at small region extent)模型是荷兰瓦赫宁根大学“土地利用变化和影响”研究小组在CLUE模型的基础上开发的。CLUE-S模型的假设条件是某地区的土地利用变化受该地区的土地利用需求驱动，并且该地区的土地利用分布格局总是与土地需求及该地区的自然环境和社会经济状况处于动态平衡状态(张永民等，2003)。该模型分为2个不同模块，即非空间需求模块和空间分配模块。非空间需求模块土地利用变化的计算基于统计层次，而空间分配模块基于栅格系统将土地需求转化为土地利用变化分配到研究区域的不同空间位置(Verburg et al. ,2010)。该模型界面只支持空间土地利用变化分配,非空间需求模块可以通过简单趋势外推法或复杂经济模型完成。

CLUE-S 模型由土地政策和限制区域、土地利用类型转换规则、土地利用需求、空间特征 4 个输入模块和 1 个空间分配模块(土地利用变化分配程序)组成(图 6-6)。

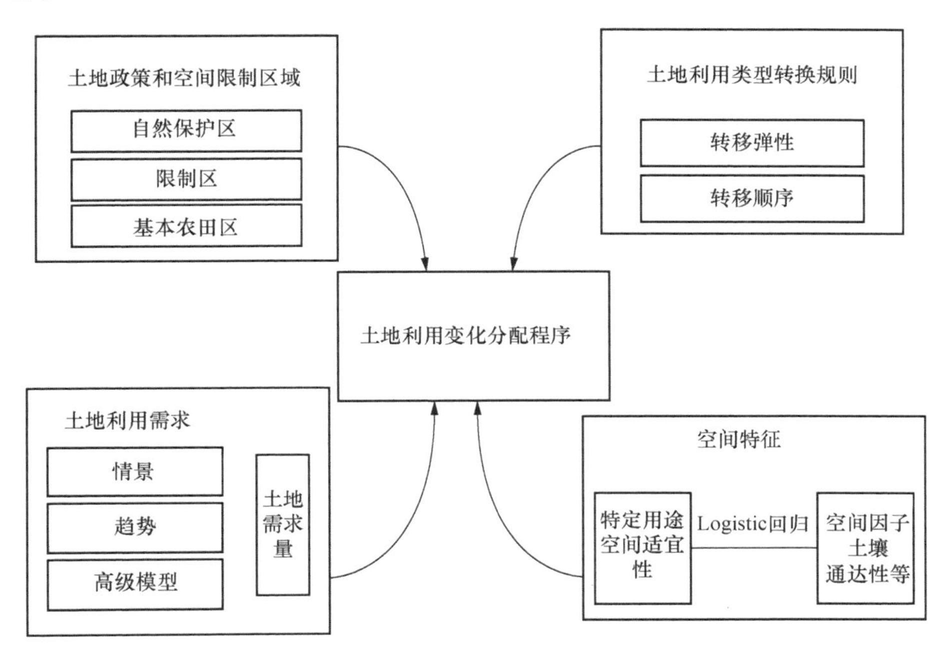

图 6-6　CLUE-S 模型信息结构组成

1. 土地政策和空间限制区

区域空间发展政策对土地利用发展方向起着宏观的指导作用,因此对土地利用格局的变化有一定的影响。由于政策影响,区域可分为保护区、限制区和发展区等。保护区体现对现状土地利用类型的保护,区中禁止土地利用类型的转变,可将其排除在土地利用变化发生的区域之外。保护区中禁止因素分为 2 类:一类为区域性禁止因素,比如建立的自然保护区、规划的基本农田保护区等;另一类则为政策性禁止因素,比如禁止采伐森林的政策可以控制林地向其他土地利用类型的转变。发展区中鼓励和引导其他土地利用类型向某类土地转化,可以人为地将其土地利用适宜性概率设置为较高值。限制区中保护与发展并重,其政策约束介于保护区和发展区之间,对土地利用变化的强制性较弱。

该模块要求确定由于政策或权属等不发生转变的区域,如自然保护区、基本农田保护区等。

2. 土地利用类型转换规则

土地利用类型(地类)转换规则决定模拟的时间动力,它包括土地利用类型转移弹性和土地利用类型转移次序两大部分。土地利用类型转移弹性主要与土地利用类型变化可逆性有关,一般用 0～1 的数值,值越接近 1 表明转移的可能性越小。例如,建设用地很难向其他地类转变,其值可以设为 1;而土地利用程度低的地类则很容易向土地利用程度高的地类转变,如未利用地易转变为其他地类,其值可以设为 0。目前关于该参数的设置只能靠专家知识或区域过去经验确定,并在模型检验过程中不断调试。土地利用类型转移次序通过设定各个土地利用类型之间的转移矩阵来定义各种土地利用类型之间能否实现转变,1 表示可以转变,0 表示不能转变,该参数决定了模拟结果中的变化类型。

3. 土地利用需求

非空间需求模块中的土地利用需求(简称土地需求)可以用简单的历史趋势外推或复杂的系统动力学仿真、经济学模型等方法来预测。土地利用需求预测主要根据研究地区的实际情况,如历年土地利用变化情况、人口、社会经济状况、区域发展战略等。为使土地利用需求预测结果更加准确,不仅要依据历年的土地利用变化数据,还要充分考虑区域未来的发展战略,模拟不同的土地利用情景,如低速增长型、高速增长型、耕地保护导向型等情景。此外,在土地利用规划中,由于规划控制指标限定目标年的土地利用结构,土地利用需求对土地利用变化的约束显得尤为突出,因此可以在采用指标作为需求的基础上模拟目标年的土地格局,从而为土地利用规划和管理提供决策依据。

土地需求预测结果的序列数据是空间模块预测土地利用分布格局变化的基础,因此无论用何种模型预测的结果必须以年为步长,也可以通过插值的方式获得逐年土地利用需求。

4. 空间特征

空间特征基于土地利用类型转变发生在其最有可能出现的位置上这一理论基础,计算出各个土地利用类型在空间上的分布概率,即各种土地利用类型的空间分布适宜性,它主要受影响其空间分布因素的驱动。这些空间分布因素未必直接导致土地利用发生变化,但是土地利用变化发生的位置与这些空间分布因素间存在定量关系(王丽艳等,2010)。CLUE-S 模型采用二元 Logistic 回归计算空间分布概率。

5. 空间分配

上述 4 个模块参数确定完成后,运用空间分配模块对土地利用变化进行空间分配。首先确定允许转换的土地利用单元并计算每一个栅格单元对于每一种土地利用类型的转换可能性(总可能性=可能性+转移弹性+迭代系数)。在此基础上形成最初的土地利用分配图,然后与土地利用需求相匹配进行土地利用面积的空间分配，直到满足土地利用的需求为止（图 6-7）。

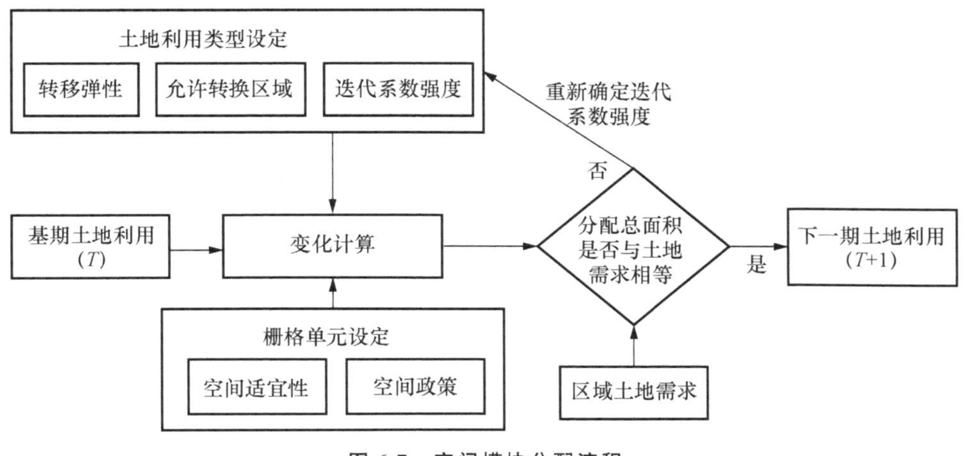

图 6-7　空间模块分配流程

①先确定在哪些空间单元上可以发生土地利用变化，在保护区之内或当前土地利用类型不允许转变的空间单元将不参与下一步的计算。

②根据式(6-2)计算空间单元 i 适合土地利用类型 u 的总概率 $\mathrm{TPROP}_{i,u}$。

$$\mathrm{TPROP}_{i,u} = P_{i,u} + \mathrm{ELAS}_u + \mathrm{ITER}_u \tag{6-2}$$

式中：$P_{i,u}$ 为空间单元 i 对于地类 u 的适宜性概率，ELAS_u 为地类 u 的转换弹力，ITER_u 为地类 u 的迭代变量，代表地类 u 的相对竞争力。

③对各种土地利用类型赋相同的迭代变量值 ITER_u，根据式(6-1)计算每个空间单元适合各种地类的总概率，然后按照总概率的高低对各空间单元的土地利用变化进行初次空间分配（每个空间单元 i 取使 $\mathrm{TPROP}_{i,u}$ 取得最大值的土地利用类型 u）。

④将各种土地利用类型的初次空间分配面积与需求面积进行比较。如果土地利用类型 u 的初次空间分配面积小于需求面积，就增加迭代变量 ITER_u 的值；反之，就减少迭代变量 ITER_u 的值，然后进行土地利用变化的第二次分配。

⑤只要土地利用需求没有得到正确的空间分配，就进行重复迭代，直到土地利用的 $|$分配面积－需求面积$| <$ 阈值，迭代过程结束并保存该年度最后的空间分配图。若达到迭代次数还没有符合终止条件，则说明本次分配不收敛，无法得到理想的分配结果，需要调整参数重新进行空间分配。

6.2.2　模型数据和参数设置

1. 模型数据

该研究将土地利用分类设定为林地、耕地、建设用地、未利用地、水域 5 个类别利用类型栅格，作为此次模拟研究对象。按空间驱动力分析设定模型需要的驱动因子，以 2020 年为预测目标年确定各种土地利用类型变化总量。运用 CLUE-S 模型对研究区土地利用变化空间格局进行模拟预测，模拟的尺度为 600 m×600 m。

2. 模型参数设置

CLUE-S 模型必须完成对如下文件的设置（表 6-3）。

表 6-3 CLUE-S 模型参数文件

文件名	说明
cov_all. 0	起始年(1991)土地利用类型图
demand. in1	土地需求文件
region_park. fil	限制区域文件
allow. txt	转移矩阵文件
sclgr*. fil	驱动力文件(*代表驱动力序号)
alloc1. reg	驱动因子参数设定文件
main. 1	模型的主要参数设置文件

（1）起始年土地利用类型图　cov_all. 0 文件是 ASCII RASTER 格式的起始年份土地利用类型图，其内容为各个地类的编码。本研究确定的 5 种地类是未利用地、林地、耕地、建设用地、水域，依次编码为 0、1、2、3、4。

（2）土地需求文件　demand. in＊文件是土地需求文件，内容第一行为模拟的年数，从第二行开始为逐年的土地需求数量。在本研究 2 个模拟阶段中，分别以 2007 年的现状和 2020 年的预测结果作为需求数据，按照前文的结果，将需求文件依次设定为 demand. in1 文件。

（3）限制区域条件　region_park＊. fil 文件是 ASCII RASTER 格式的限制区域图，其内容为 0 和－9998 两种，0 值区域是可以发生地类转变的区域，－9998 值区是地类不能够转变的限制区域。《中华人民共和国水土保持法》第二十条规定："禁止在 25°以上陡坡地开垦种植农作物。在 25°以上陡坡地种植经济林的，应当科学选择树种，合理确定规模，采取水土保持措施，防止造成水土流失"。研究区 25°以上陡坡地均为林地，因此本研究设定坡度大于 25°为限制区域，同时根据区域实际情况，设定海拔大于 1 500 m 为限制区域，赋属性值为－9998，其余区域属性值为 0（图 6-8）。

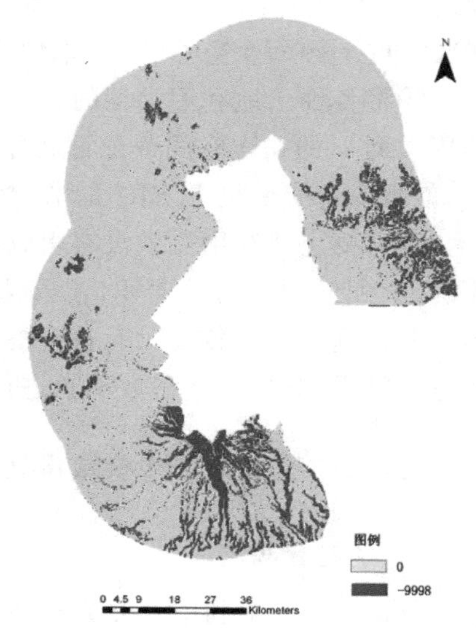

图 6-8　限制区域图

（4）转移矩阵文件　allow. txt 文件是一个记事本文档，其内容为一个 $n \times n$ 矩阵，其中 n 为地类个数。矩阵中包含 0 和 1 两种代码，1 表示地类之间可以转变，0 表示不能转变。本研究建立一个 5×5 矩阵，土地利用类型不做限制都可以发生转移，限制性条件在 ELAS 模块和区域约束条件模块中实现。

(5)驱动力文件　sc1gr*.fil 文件是 ASCII RASTER 格式的驱动力空间分布位置图。将上文由栅格图形转化来的 ASCII 码文件按照驱动力序号依次命名为 sc1gr0.fil、sc1gr1.fil、sc1gr2.fil、sc1gr3.fil、sc1gr4.fil、sc1gr5.fil、sc1gr6.fil 然后放入 dyna-clue 文件夹。

(6)驱动因子参数设定文件　alloc1.reg 文件可以用记事本文档打开和编辑，其内容为 Logistic 回归结果参数，每行意义如下：

第一行：土地利用类型序号；

第二行：土地利用类型的回归方程常量；

第三行：土地利用类型回归方程的系数(β 值)和驱动力序号；

其余的土地类型也按照这个格式向下排列。

(7)模型的主要参数设置文件　main.1 文件可以用记事本文档打开和编辑，也可以在模型界面中编辑。其主要参数设定和解释意义见表 6-4。

表 6-4　main.1 文件参数设置与说明表

行数	设置内容	数据格式	数据内容
1	土地利用类型数	整型	5
2	区域个数	整型	1
3	单个方程中驱动力变量的最大个数	整型	7
4	总驱动力个数	整型	7
5	行数	整型	180
6	列数	整型	234
7	单个栅格面积/hm^2	浮点型	36
8	X 坐标	浮点型	362 485.39
9	Y 坐标	浮点型	4 586 764.4
10	土地利用类型序号	整型	0、1、2、3、4
11	转移弹性系数	整型	0.9、0.2、0.1、1
12	迭代变量系数	浮点型	0、0.45、3
13	模拟的年份	整型	1991、2007
14	动态驱动因子数及序号	整型	0
15	输出文件选择	0、1、-2 或 2 选其一	1
16	特定区域回归选择	0、1 或 2 选其一	0
17	土地利用历史初值	0、1 或 2 选其一	1、5
18	邻近区域选择计算	0、1 或 2 选其一	0
19	区域特定优先值	整型	0

6.2.3 2007年模拟结果与检验

完成以上参数文件设定以后，运行CLUE-S模型，模型运行时的界面如图6-9。以1991年作为起始年，模拟2007土地利用类型图，将模拟结果与2007年实际土地利用类型模拟对比，验证模型精度（二维码6-1、二维码6-2）。CLUE-S模型生成的模拟图文件格式是ASCII文件，利用ArcGIS的ASCII to Raster命令将其读取为grid文件再赋以不同的颜色，最终生成空间化的目标年土地利用类型模拟图。

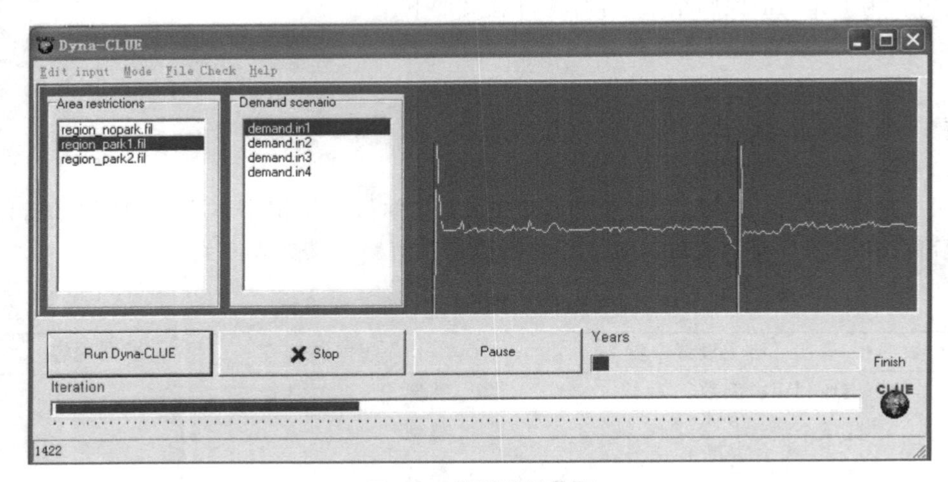

图6-9 模型运行界面

二维码6-1 2007年土地利用模拟图

二维码6-2 2007年土地利用实际图

CLUE-S模型的模拟精度分析采用Kappa指数系列方法。计算Kappa指数的公式如下：

$$\kappa=\frac{P_o-P_c}{P_p-P_c} \tag{7-3}$$

式中：P_o为正确模拟的比例；P_c为随机情况下期望的正确模拟比例；P_p为理想分类情况下正确模拟的比例；越接近1模拟精度越高。通常情况下，当Kappa≥0.75时，认为两土地利用图的一致性较高，变化较小；当0.4≤Kappa<0.75时，一致性一般，变化明显；当Kappa<0.4时，一致性较差，变化较大。

本研究共有5个土地利用类型，每个栅格随机模拟情况下的正确率$P_c=1/5$，理想分类情况的正确模拟率$P_p=1$。模拟正确栅格数是20 475个，占总栅格数21 340

的 95.95%，所以 P_o=0.953 5。由此计算出 Kappa 指数为 0.949 3。

6.3　2020 年土地利用变化模拟

为了加大对长白山自然保护区的保护力度，使之尽快达到世界自然遗产与世界地质公园申报条件及标准，理顺各方面关系，加快培育吉林省旅游优势产业，实现对长白山的统一规划、统一保护、统一开发和统一管理，2005 年 6 月 29 日，吉林省人民政府成立了吉林省长白山保护开发管理委员会（简称长白山管委会）。长白山管委会的成立，恰逢 1996 年所编制的《吉林长白山国家级自然保护区总体规划（1999—2006）》实施期满，为了实现在保护中开发、在开发中保护，规范和指导长白山自然保护区未来 14 年的发展和建设，将长白山自然保护区建设成为面向世界、管理高效、综合效益突出的国内示范、国际领先的自然保护区，长白山管委会决定编制《吉林长白山国家级自然保护区总体规划（2007—2020）》。考虑研究的实际意义和后期规划的操作性和比较性，设定模拟目标年为 2020 年，土地需求定义为区域发展综合需求，与区域总体规划保持一致。研究区部分乡镇人口和用地规模数据来自长白山管委会和吉林省城乡规划设计研究院编制的《长白山保护与开发总体规划（2007—2020）》。

6.3.1　2020 年城区规模预测

1. 池北区用地规模预测

采用综合增长率法预测至 2020 年农业人口为 6 570 人，非农业人口为 117 084 人，规划池北区暂住人口可占池北区总人口的 20%，主要从事和当地生产、生活及旅游服务相关的产业，2020 年暂住人口 30 914 人。因此，至 2020 年池北区实际居住人口为 15 万人。池北区历年人口自然增长与机械增长变化情况见图 6-10。

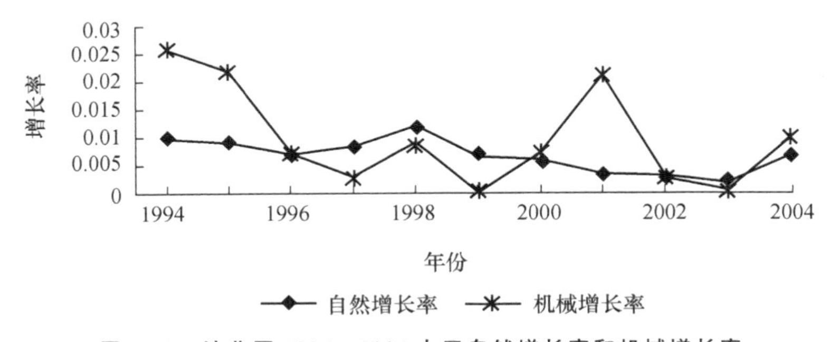

图 6-10　池北区 1994—2004 人口自然增长率和机械增长率

根据近10年统计数据表明，近些年池北区农业人口总数呈下降趋势，这说明近年来城市化水平的提高，城区的部分农业人口已经向城镇人口转移，因此设定池北区农业人口增长的修正率为－1‰，2020年人口机械增长率取6‰。

池北区地处吉林省东部山区，生态环境良好，周边地区地形地貌相对复杂，同时考虑到池北区主要是长白山旅游服务基地，依据建设部《城市建设用地分类与规划建设用地标准》，城市规划人均建设用地标准，采用Ⅲ级指标90.1～105.0 m^2/人。本次预测人均建设用地规模为103.2 m^2/人，则池北区建设用地规模为1 569 hm^2。

2. 池西区用地规模预测

池西区人口生育高峰已过，自然增长将呈稳定状态，人口机械增长态势明显，暂住人口将会增加，考虑到当地旅游产业发展，因此预测的城市人口包括常住人口和暂住人口，即除当地人口外，还有大量的外来就业人口和旅游人口。

采用综合增长法式(6-4)预测到2020年人口为5.65万人。

该方法主要是排出暂住人口，则有

$$P_t = P_0 \times (1 + J + K)^n \tag{6-4}$$

式中：P_0为规划基期人口，J为自然增长率取0.5%，K为机械增长率取5%，n为规划年限。

采用经济相关模型式(6-5)预测2020年人口为7.03万人。

$$P = 4.51\ln E - 10.64 \tag{6-5}$$

式(6-5)根据吉林省经济社会发展变化，参照黄山市、泰山市等旅游城市经济社会发展变化得出，按照2020年地区生产总值为50亿元计算。

池西经济管理区地处吉林省东部山区，生态环境良好，周边地区地形地貌相对复杂，可建设用地比较少。同时考虑到用地主要是城市用地与旅游服务用地，规划人均建设用地规模控制为120.0 m^2/人，城市建设用地规模为840 hm^2。

3. 池南区人口预测

采用综合增长法，2020年人口机械增长率取5‰，预测到2020年城区规划实际居住人口为1万人。池南区1986—2005年人口情况见表6-5，2000—2004年人口自然增长率见表6-6。

池南区地处吉林省东部山区，长白山西麓的森林腹心地带，生态环境良好，区内地形地貌复杂，建设用地面积小，呈狭长状。本次预测人均建设用地规模为150.0 m^2/人，城区用地规模为150 hm^2。

表6-5 池南区1986—2005年人口情况

年份	户数/户	总人口/人	非农人口/人
1986	841	3 497	501
1987	891	3 551	520
1988	867	3 598	470

续表 6-5

年份	户数/户	总人口/人	非农人口/人
1989	874	3 776	478
1990	889	3 927	493
1991	1 081	3 961	514
1992	1 026	4 107	476
1993	1 073	4 068	453
1994	1 081	3 961	514
1995	1 079	3 904	510
1996	1 090	4 005	533
1997	1 107	4 019	534
1998	1 309	3 664	540
1999	1 312	3 695	542
2000	1 342	3 778	549
2001	1 389	3 732	542
2002	1 403	3 675	564
2003	1 422	3 669	622
2004	1 418	3 590	615
2005	1 450	3 590	573

表 6-6　池南区 2000—2004 年人口自然增长率

年份	2000	2001	2002	2003	2004
增长率/‰	2.22	3.89	6.10	6.45	5.31

4. 松江河镇用地规模预测

随着世界旅游业升温，尤其深度旅游的不断发展，长白山旅游资源亟待开发。为了改变目前以自然游、单季游、过栈游为主的尴尬局面，吉林省决定建立长白山旅游支点城市“抚松新城”，包括抚松镇、兴隆乡、松江河镇、东岗镇的部分区域及“长白山国际旅游度假区”，城市建设面积 54 km^2，总规划面积 545 km^2。松江河镇为规划抚新城的副中心，规划面积 1 600 hm^2，主要功能为旅游服务、商贸物流、商业、办公、娱乐，重点进行松江河旧城改造，建设特色民居，增加公共服务设施，支持居民发展家庭旅馆，带动松东片区的发展。

5. 泉阳镇用地规模预测

泉阳镇规划为“矿泉城”。以“矿泉城”建设为主体，以生态型产业为支撑，优化泉阳湖矿泉 SPA 社区、泉阳湖生态食品加工园区、旅游休闲度假区的布局。重点发展矿泉饮品业、休闲度假养生业、绿色食品深加工业。优化生态环境，完善基础设施，发展社会事业，发展家庭旅馆及特色民居，建设农家乐旅游点，提高人民生活水平。规划镇域建成区面积 800 hm^2。

6. 露水河镇用地规模预测

规划露水河森为“林城”。发挥森林生态优势，以吉林森工露水河国家级森林公园为载体，着力发展森林休闲度假产业、长白山道地药材产业、旅游商品及工艺品加工业、生态特色农业。建设生态产业园区、原始森林度假村及森林氧吧、冰雪乐园、朝鲜族民俗村，依托露水河国际狩猎场，重点开发森林狩猎项目。规划镇域建成区面积 1500 hm^2。

7. 两江镇用地规模预测

两江镇是农业大镇，适宜发展现代农业，发挥粮食种植农业的优势，变原粮出售为产品深加工出售。区域向外辐射能力弱，人口按自然增长率为 5‰计算，2020 年机械增长率修正－1‰，预测到 2020 年人口为 1.72 万人，城镇化率低于规划水平 10%，非农人口人均占地规模 120.0 m^2/人，建设用地规模为 155 hm^2。目前镇域建设用地面积远高于预测面积，鉴于区域经济发展方向和建设用地特性，2020 年建设用地规模按 280 hm^2 需求模拟。

8. 松江镇用地规模预测

安图县松江镇是吉林省“十强镇”建设试点单位，2008 年被确定为“小城镇建设国家发展和改革试点镇”后，2009 年又被纳入“百镇建设工程”之列，主要发展方向为加快小城镇基础设施建设步伐，使城镇综合服务功能逐步完善，发展环境得到明显改善，城镇聚集功能不断增强，带动工业企业、主导产业的发展。区域人口自然增长率稳定，主要为机械增长，按照平均水平确定自然增长率为 5‰，2020 年人口机械增长率取 3‰，预测到 2020 年松江镇人口达到 3.65 万人，按照安图县城镇化水平规划 70%计算，2020 年非农业人口 2.55 万人，按照《城市建设用地分类与规划建设用地标准》，规划人均建设用地规模控制为 120.0 m^2/人，2020 年建设用地规模为 306 hm^2。

6.3.2 2020 年土地需求预测

1. 建设用地需求

结合乡镇规划和长白山总体规划，根据区域乡镇用地规模估算预测，至 2020 年建设用地需求量达到 35 466 hm^2（表 6-7）。

2. 林地需求

长白山自然保护区外围森林资源以林业局为单位进行经营和管理。根据《吉林森工集团林地保护利用规划（2010—2020）》，到 2020 年，森林保有量达到 122.33 万 hm^2 以上，比 2005 年增加 2.09 万 hm^2 以上，比 2009 年增加 0.6 万 hm^2 以上，森林覆盖率提高到 90.8%以上，森林保有量稳步增长。根据区域发展规划和区域以森林经营和生态旅游为主的现状（表 6-8），将 2020 年研究区森林覆盖率确定为

92%，即林地面积为 706 793 hm^2。

表 6-7　2020 年建设用地需求预测表　hm^2

区域名称	面积
池北区(含镇区)	1 569
池西区(含镇区)	3 895
池南区(含镇区)	600
主题功能区(度假区、会议区、交通枢纽区)	3 000
松江河镇	1 600
泉阳镇	800
露水河镇	1 500
两江镇	280
松江镇	306
道路及两侧各 200 m 以内的面积	21 916
合计	35 466

表 6-8　2010 年自然保护区外围林业局森林覆盖率

林业局名称	森林覆盖率/%	面积/hm^2
临江林业局	96.9	171 549
松江河林业局	93.9	158 568
泉阳林业局	90.9	106 287
露水河林业局	95.1	121 295
白河林业局	85.8	194 700
平均值	92.5	150 479.8
研究区域	93.1	715 130

3. 研究区土地需求

根据上述研究结果，将建设用地和林地目标作为约束条件，按照 600 m×600 m 栅格倍数确定到 2020 年各土地利用类别的面积，然后根据线性插值方法确定 2007—2020 各年份土地利用变化，以此作为模拟依据(表 6-9)。

表 6-9　研究区 2020 年土地利用需求变化预测　hm^2

年份	未利用地	林地	耕地	建设用地	水域
2007	6 876.00	717 084.00	19 800.00	18 972.00	5 508.00
2008	6 870.46	716 292.00	19 329.23	20 240.31	5 508.00
2009	6 864.92	715 500.00	18 858.46	21 508.62	5 508.00
2010	6 859.38	714 708.00	18 387.69	22 776.92	5 508.00
2011	6 853.85	713 916.00	17 916.92	24 045.23	5 508.00
2012	6 848.31	713 124.00	17 446.15	25 313.54	5 508.00

续表 6-9

年份	未利用地	林地	耕地	建设用地	水域
2013	6 842.77	712 332.00	16 975.38	26 581.85	5 508.00
2014	6 837.23	711 540.00	16 504.62	27 850.15	5 508.00
2015	6 831.69	710 748.00	16 033.85	29 118.46	5 508.00
2016	6 826.15	709 956.00	15 563.08	30 386.77	5 508.00
2017	6 820.62	709 164.00	15 092.31	31 655.08	5 508.00
2018	6 815.08	708 372.00	14 621.54	32 923.38	5 508.00
2019	6 809.54	707 580.00	14 150.77	34 191.69	5 508.00
2020	6 804.00	706 788.00	13 680.00	35 460.00	5 508.00

6.3.3 2020 年研究区土地利用变化模拟结果

研究区土地利用变化时空格局模拟过程主要包括土地利用变化驱动因子作用权重系数的求解、模拟时段内土地利用类型的需求分析以及土地利用变化的动态分配 3 个过程。

该研究采用 2007 年土地利用的空间图形数据，前面章节验证确定的影响土地利用变化的各驱动因素，以及模型模拟所需的其他各种参数，运用 CLUE-S 模型对研究区 2007—2020 年的土地利用空间变化进行模拟(二维码 6-3、二维码 6-4)。对研究区 2007 年和 2020 年土地利用动态变化模拟结果进行统计，得到各土地利用类型转移矩阵表。

二维码 6-3　2020 年土地利用模拟图

二维码 6-4　2007—2020 模拟土地利用变化图

研究区土地利用变化时空格局的模拟结果，可以看出在各种驱动因子的综合作用下，各种土地利用类型之间相互竞争及其在空间分配上的演替规律。

各种用地类型随时间的推移大多在原有位置附近发生了一定程度的扩张与收缩。为了满足 2020 年土地利用需求，保护区以西外部原有零散耕地转变为建设用地，共分配 7 632 hm^2 耕地调减为建设用地。研究区南部部分林地转变为建设用地，总计 8 856 hm^2 林地转变为建设用地，使得区域建设用地沿原有建设用地向四周扩散，但从总体上看，未大规模连片集中。

6.4　基于模拟结果的区域规划设计

模型方法是土地利用格局变化预案模拟研究有效的科学工具，理论上较为精确的模拟结果可以用于区域土地利用规划或城市规划。但是，在当前的规划工作中，由于模型方法有一定的前提，数据要求严格，运行复杂，其在实际工作中很少得到应用。研究中将模型土地利用模拟结果应用于研究区土地利用规划中，划定研究区的空间管制区域、乡镇分布格局，将景观生态评价引入土地利用规划评价中，并运用景观指数进行评价。

6.4.1　空间管制分区

按照区域总体规划的设计，通过对长白山保护开发区的空间管制，最终实现对长白山森林生态系统的完好保护，对长白山旅游资源的充分开发利用与最大化保护，使得长白山物种基因库和世界地质公园得到保护与发展，使得各个旅游活动区旅游活动顺利开展，实现旅游城市的特色化建设，全力打造一个举世闻名的世界级旅游目的地。

空间管制要以可持续发展思想为指导，反映长白山保护开发区的生态环境保护要求，反映长白山保护开发区的发展特色，反映人类活动对自然环境的影响程度和角度，坚决做到对长白山资源的严格保护，满足长白山资源的持续利用。长白山自然保护区内部为禁建区。本研究仅针对保护区外围研究区将管制划分为限建区和适建区。

根据长白山城市总体规划和区域现状，将研究区内珍惜资源保护地、水源保护地、保护区外旅游景区划入限建区。依据 CLUE-S 模型的模拟结果，在建设用地密集分布区内，根据旅游活动的主题功能和乡镇分布划定适建区。旅游活动主题功能区是长白山旅游活动的主要区域，也是长白山旅游活动的可建区域，该区域建设活动要按照主题功能区的开发主题进行建设，建设活动要控制在建设用地范围内，建设规模不宜过大，要与当地环境相协调。

6.4.2　乡镇和主题功能区布局

1. 乡镇布局演变

研究区 7 个乡镇均以原有建设用地为中心向不同方向扩张。漫江镇域内河流纵横，有漫江、锦江、桦皮河、苇沙河、碱厂河、板石河、高丽河、黑河、黄泥河、塔河，对建设用地扩张起到限制作用。另外，该镇人口较少，并处于长白山西麓的森林腹心地带，农民收入主要来自参业和副业，促使林地转变的自然因素转换规则和人为驱动作用都较弱，因此漫江镇两期对比，预测扩张面积较小。二道白河镇紧邻保护区，因此其最适宜发展方向为向北扩展，与铁北村等聚集。两江镇为农业大镇，全镇有农村专业合作社 23 个，主要为辣椒、养猪、五味子、草莓、刺嫩芽、苏子、人参、榆黄蘑等农副产业，其镇域向外围略为扩展，周围建制村点状零星建设用地分布。泉阳镇和露水河镇产业发展方向为林产、特产加工工业且 85%以上林地均属各自林业局，因此其转换空间有限，从转换规则和限制区域模拟，泉阳镇和露水河镇扩展空间较小。

抚松新城是吉林省东部山区新兴的功能明确的、由快捷交通网络与生态廊道连接的组团式生态旅游城市。松江河镇作为抚松新城卫星镇和旅游服务核心区，其未来建设速度加快，辐射能力增强。从模拟结果看，松江河镇与周围相邻乡镇逐渐聚集形成大的建设用地斑块。

松江镇从道路、交通、地形等自然条件看，有很大的转换空间，其外围土地均可为了适应需求而转换利用方式。模拟结果在二道白河镇和松江镇之间给出了大面积的建设用地布局，为了满足研究区 2020 年建设用地需求，模拟在这一区域给予大面积转换。这一结果与该区域的政府发展战略吻合，因此，该区域既可以作为建设新区的选址地，也可以作为松江镇发展扩张区域。

2. 主题功能区布局

主题功能区布局参考长白山管委会颁布的长白山开发和保护总体规划(2006—2010)，基于建设用地模拟结果和独特自然条件，划定和平度假主题功能区、卧龙国际会议主题功能区、望天鹅冰雪主题功能区。

和平旅游度假主题功能区观景区位良好，由此南望，长白山一览无余，是远距离欣赏长白山的绝佳位置。该处地热资源丰富，开发温泉度假功能的潜力巨大。卧龙国际会议功能区紧邻松江河镇、池西区，利用其区位和环境优势，建设高档次的国际会议、会展中心以及高档次的休闲别墅。望天鹅冰雪旅游主题功能区一处位于长白山山脉的西南方，西临草坪山、四等房山，北临天目山。该处受日本海气候影响严重，周边雪量充沛，雪质好，积雪期长达 170 d，积雪深度在 0.5～1 m 之间，适合发展高山滑雪。另一处位于鸭绿江支流十五道沟，周边地势起伏较大，景观独特，是观赏长白山南坡风光、鸭绿江景观的好去处。

6.5 景观角度规划评价

6.5.1 研究区景观分析

1. 现状景观分析

林地是研究区土地利用景观的景观基质，其面积占总面积的90%以上。林地保护和质量提高是维持景观稳定的首要问题。林地斑块密度指数仅为0.002 7，是面积最大，密度最小的景观。这表明林地连片分布。

除景观基质外，多数土地利用类型以嵌块体形式分布。耕地景观优势度很小，分布分散，难以发挥景观的集聚效应。提高农业景观中的耕地嵌块体的优势度，并扩大平均嵌块体的面积，将有效提高农业景观中多样性的发展。建设用地嵌块体类型在研究区土地景观中比重也较小。从研究区实际情况和未来发展方向分析，其景观比例势必要有所扩展。通过改善嵌块体内部利用结构，提高土地利用率，加之其他用地的转换，可以满足一定时期内的用地需求。

公路交通景观是主要的廊道类型，景观比例比较小，道路景观比例仅为0.15%左右，这与区域不断发展的旅游业不匹配。从整体布局看，西北部是交通景观加强的区域。

2. 规划景观分析

“嵌块”与“基质”即乡镇、耕地与林地之间的物质、信息的交流是促进农业、林业商品化和旅游经济发展的有效措施；同时，“嵌块”的增加也为农村劳动力的转移提供了有效途径。在2020土地利用规划预测中，建设用地由2007年18 972 hm^2增加到35 460 hm^2。北部区域嵌块体面积增加，数量增多。

研究区廊道增加，功能增强，以“廊道”连接“嵌块”，形成“嵌块”网络，促进物质、信息在网络内部以及与网络外部的沟通，是区域经济与市场经济并轨的前提，交通“廊道”的拓展方面应是景观规划中的重要内容。增加乡镇、主题功能区，充分发挥“廊道”的物质、信息的传输作用。

此外，维持土地利用景观整体功能的稳定，首先必须稳定基质的优势度及景观比例。在其他嵌块体稳定增长的同时，保证其优势度不大幅度下降，土地质量不断提高。在规划中设计森林覆盖率依然保持在90%以上，维护其生态屏障功能和林业产业主体地位。

6.5.2 景观格局指标选择

景观格局指的是景观元素的空间分布和组合特征，可以用各种指数来描述景观格局的不同特征(张文军,2007)。景观指数能够高度浓缩景观格局,反映其结构组成和空间分布特征。景观生态学研究的主要对象是景观格局的空间结构、功能、变化以及景观规划管理等,景观生态学家对空间结构格局提出许多不同指标,本研究根据需要选取以下指标。

1. 斑块密度

景观斑块密度(PD)反映景观整体斑块分化程度,景观斑块密度越大,破碎化程度越高,景观异质性也越高。

$$PD = \frac{1}{A}\sum_{i=1}^{M} N_i \tag{6-6}$$

$$PD_i = \frac{N_i}{A_i} \tag{6-7}$$

式中:PD 为景观斑块密度;PD_i 为景观要素 i 的斑块密度;M 为研究范围内某空间分辨率上景观要素类型总数;A 为研究范围景观总面积。

2. 最大斑块指数

最大斑块指数(LPI)指某一斑块类型中的最大斑块占据整个景观面积的比例,有助于确定景观的优势类型,其值的大小决定着景观中的优势种、内部种的丰度等生态特征。其值的变化可以反映干扰的强度和频率,反映人类活动的方向和强弱(关瑞华,2011)。

$$LPI = \frac{\max(a_1, \cdots, a_n)}{A} \times 100 \tag{6-8}$$

式中:a_n 为景观类型 n 的面积,A 为区域景观总面积。

3. 边缘密度

边缘密度包括景观总体边缘密度(景观边缘密度)和景观要素边缘密度(类斑边缘密度)。景观边缘密度(ED)是指景观总体单位面积异质景观要素斑块间的边缘长度。景观要素边缘密度(ED_i)是指单位面积某类景观要素斑块与其相邻异质斑块间的边缘长度(张芸香等,2001)。单位面积上的周长越大,景观类型被边界割裂的程度越高,人类干扰影响也越大。

$$ED = \frac{1}{A}\sum_{i=1}^{M}\sum_{j=1}^{M} P_{ij} \tag{6-9}$$

$$ED_i = \frac{1}{A}\sum_{j=1}^{M} P_{ij} \tag{6-10}$$

式中:P_{ij} 是景观中第 i 类景观要素斑块与第 j 类景观要素斑块间的边界长度。

4. 面积加权分维数

分维数可直观地理解为不规则几何形状的非整数维数。单地块而言,形状复杂程度可以用分维数进行度量(李鑫等,2011)。面积加权分维数(AWMPFD)一般均处于 1~2,分维数越趋近于 1,斑块的自相似性越强,斑块形状越有规律(关瑞华,2011)。斑块的几何形状越趋近于简单,表明受干扰的程度越大,这是因为人类干扰所形成的斑块一般几何形状较为规则,易于出现相似的斑块形状。

$$\mathrm{AWMPFD}=\sum_{i=1}^{n}\frac{2\ln(0.25P_i)}{\ln a_i}\times\frac{a_i}{A}\tag{6-11}$$

式中:P_i 是景观中第 i 类景观要素边界长度,a_n 为景观类型 n 的面积,A 为区域景观总面积。

5. 多样性指数

多样性指数(SHDI)是描述景观异质性的一类指数。多样性指数反映景观类型的数目以及各景观类型所占比例的情况。若景观由单一类型构成,则景观是均质的,多样性指数最低;各景观类型所占比例相等时,景观多样性指数最高。

$$\mathrm{SHDI}=-\sum_{i=1}^{m}(P_i\times\ln P_i)\tag{6-12}$$

式中:m 为景观元素数目,P_i 为第 i 类景观元素所占的面积比例。

6. 蔓延度

蔓延度指数(CONTAG)描述的是景观里不同斑块类型的团聚程度或延展趋势。理论上,蔓延度指数(CONTAG)值较小时,表明景观中存在许多小斑块,具有多种要素的密集格局,景观的破碎化程度较高;趋于100时,表明景观中有连通度极高的优势斑块类型存在,景观中的某种优势斑块类型形成了良好的连接性(李鑫等,2011)。

$$\mathrm{CONTAG}=\left(1+\sum_{i=1}^{m}\sum_{j=1}^{n}\frac{P_{ij}\ln P_{ij}}{2\ln m}\right)\times 100\tag{6-13}$$

式中:P_{ij} 是与 j 斑块体相邻接的 i 斑块体所占的线长比例。

7. 优势度指数

优势度指数(LDI)是一种异质性指数,用来描述景观的整体特征。优势度指数代表某种或某些景观类型支配景观的程度。优势度越大,则表明各景观类型所占的比例差异大,某种或某几种景观类型占优势地位。优势度最小时,各景观类型所占的比例相等。

$$\mathrm{LDI}=H_{\max}+\sum_{k=1}^{m}P_k\ln P_k\tag{6-14}$$

式中:P_k 为景观类型 k 所占面积比例,m 是景观类型总数。

8. 聚集度指数

聚集度指数(AI)来自斑块类型水平上同类型斑块邻近程度的计算,表征同类型斑块的邻近程度,就斑块类型水平而言,景观中的同类型斑块被最大限度地离散分布时,其聚集度为0;当此类型斑块聚集地更加紧密时,聚集度也随之升高;当景观中的此类型斑块被聚合成一个单独且结构紧凑的斑块时,聚集度为100,测量这一个景观指标可以解释某类景观类型内部斑块可能的最大邻近度(付伟,2010)。

$$AI = 2\ln n + \sum_{i=1}^{n}\sum_{j=1}^{n} P_{ij}\ln P_{ij} \tag{6-15}$$

6.5.3 三期景观特征分析

1. 景观类型特征变化分析

将 1991 年、2007 年土地利用分类图和 2020 年土地利用模拟图导入景观格局分析软件 FRAGSTATS 中,分别两期土地利用类型景观指数见表 6-10。

表 6-10 景观类型特征值 PD 和 LPI 变化

景观类型	PD			LPI		
	1991 年	2007 年	2020 年	1991 年	2007 年	2020 年
林地	0.001 8	0.002 7	0.003 5	94.821 6	92.956 9	91.588 6
耕地	0.029 0	0.021 2	0.015 5	0.201 5	0.932 5	0.403 0
建设用地	0.016 3	0.034 5	0.045 3	0.089 0	0.034 5	0.426 4
未利用地	0.003 9	0.004 9	0.004 8	0.548 3	0.538 9	0.538 9
水域	0.009 8	0.009 8	0.010 0	0.070 3	0.070 3	0.070 3
景观水平	0.060 8	0.073 2	0.079 1	94.812 6	92.956 9	91.588 6

研究区三期斑块密度指数较大的类型是建设用地和耕地。1991 年耕地斑块密度最大为 0.029 0,林地斑块密度最小在 0.001 8;而 2007 年和 2020 年均为建设用地斑块密度最大,达到 0.045 3。1991—2020 年建设用地和林地景观斑块密度指数(PD)增加趋势,说明建设用地、林地景观的破碎化程度逐渐加深;耕地斑块密度指数(PD)降低,耕地面积减少,小斑块数量减少,破碎度降低。从最大斑块指数(LPI)可以看出林地景观是整个研究区的优势景观类型。总地来说,景观的斑块密度(PD)不断增加而最大斑块指数(LPI)不断减少。

研究区边缘密度最大的景观类型是林地景观、未利用地和水域景观类型的斑块边缘较简单,受人类活动影响小(表 6-11)。1991—2007 年间研究区建设用地景观的边缘密度增加趋势,说明景观类型的斑块边缘较复杂,受人类活动影响大;而 2020 年模拟结果边缘密度达到 2.1290,表明该类景观类型未来变化较大,人为影响较大。面积加权分维数尽管也可表征斑块形状的复杂程度,反映人类活动对景观的影响,但边缘密度侧重于边缘效应、边缘形状复杂性,而面积加权斑块分维数 FRAC-AM 更侧重于斑块的自相似性。研究区建设用地和耕地加权分维数较小,说明这两类景观受人为规划利用影响,几何形状较简单、规则,而未利用地斑块边界较复杂,受人类活动影响小。

表 6-11　景观类型特征值 ED 和 FRAC-AM 变化

景观类型	ED			FRAC-AM		
	1991 年	2007 年	2020 年	1991 年	2007 年	2020 年
林地	2.081 4	2.561 7	2.771 8	1.165 8	1.176 6	1.181 4
耕地	1.180 1	1.091 8	0.734 1	1.047 2	1.110 3	1.081 0
建设用地	0.574 8	1.237 9	2.129 0	1.039 5	1.044 1	1.074 7
未利用地	0.267 1	0.297 6	0.390 5	1.114 5	1.114 4	1.115 0
水域	0.384 3	0.384 3	0.294 4	1.040 9	1.040 9	1.040 3
景观水平	2.243 8	2.786 6	3.160 0	1.160 2	1.170 1	1.173 0

2. 景观格局指数分析

景观水平上的景观格局指数定量地反映研究区总体景观空间格局及变化特征（表 6-12）。

1991—2007 年，景观类型水平上斑块密度由 0.060 8 增加到 0.073 2，最大斑块面积比例由 94.812 6 减少到 92.956 9，边缘密度由 2.243 8 增加到 2.786 6，面积加权分维数由 1.160 2 增加到 1.170 1。研究区景观的斑块密度、景观形状指数增加，表明整个景观破碎化程度增加，景观异质性更加明显，人类活动对于生态环境的影响随着时间推移在不断加剧，对于景观的干扰程度也在逐年加大。

表 6-12　1991 年、2007 年、2020 年景观格局总体特征值

年份	斑块数量 NP	斑块密度 PD	景观形状指数 LSI	蔓延度指数 CONTAG	聚集度指数 AI	斑块分维数 FRAC	多样性指数 SHDI	优势度指数 LDI
1991	467	0.060 8	7.046 1	84.888 5	92.526 5	1.526 0	0.264 1	0.835 9
2007	562	0.073 2	8.232 1	81.337 6	90.909 4	1.560 0	0.327 6	0.796 4
2020	608	0.079 1	9.047 8	79.311 8	89.796 0	1.577 7	0.368 7	0.770 9

1991—2007 年景观多样性指数由 0.264 1 增加到 0.327 6，优势度指数由 0.835 9 下降到 0.796 4，表明各类景观组分面积比例差别在逐渐缩小，景观中林地组分优势程度减弱，且景观整体结构受人类活动影响较大。斑块分维数由 1.526 0 增加到 1.560 0，显示景观形态趋于复杂。两期蔓延度指数均在 80%以上，说明景观中优势斑块（林地景观）形成了良好的连接性，该指数在这一阶段呈减小趋势，说明景观中不同斑块类型的团聚程度越来越高；聚集度指数减少，表明相同斑块类型的聚集程度越来越低。

对比 2020 年规划与 2007 年景观特征指数，景观类型水平上斑块数量增加了 46，斑块密度增加了 0.005 9，景观形状指数增加 0.815 7，均小于 1991—2007 年变化量，表明虽然土地利用规划加剧了研究区景观破碎化，但其幅度远小于 1991—2007 年的变化，明显抑制区域景观破碎化进程（表 6-13）。

表 6-13　景观格局总体特征值变化(1991—2007 年和 2007—2020 年)

阶段	斑块数量 NP	斑块密度 PD	景观形状指数 LSI	蔓延度指数 CONTAG	聚集度指数 AI	斑块分维数 FRAC	多样性指数 SHDI	优势度指数 LDI
1991—2007	95	0.012 4	1.186	−3.550 9	−1.6171	0.034	0.063 5	−0.039 5
2007—2020	46	0.005 9	0.815 7	−2.025 8	−1.113 4	0.017 7	0.041 1	−0.025 5
变化绝对值	49	0.006 5	0.370 3	1.525 1	0.503 7	0.016 3	0.022 4	0.014 0

2007—2020 年优势度指数减少程度小于 1991—2007 年阶段的 0.014 0，说明斑块类型的团聚程度变化减弱；聚集度指数变化幅度减少 0.503 7%，表明规划结果的相同斑块类型聚集减少程度减弱，有方向性的土地利用和规划会减弱人为活动对景观的影响。

根据长白山城市总体规划和区域现状，将研究区内珍惜资源保护地、水源保护地、保护区外旅游景区划入限建区。依据 CLUE-S 模型的模拟结果，在建设用地密集区分布区内，根据旅游活动的主题功能和乡镇分布划定适建区。研究模拟了乡镇布局、乡镇扩大区及建设可选区，确定了和平度假主题功能区、卧龙国际会议主题功能区、望天鹅冰雪主题功能区 3 个功能区布局。

从景观角度对区域基质、嵌块、廊道进行了分析，同时选取一定景观特征指数对研究区 1991 年、2007 年和 2020 年(规划)进行评价。研究期间整个景观斑块向小型化发展，使景观破碎化程度加剧，并且人类干扰活动把整个景观的异质性变得更加明显。建设用地和耕地加权分维数较小，受人为规划利用影响，几何形状较简单、规则。对比 2020 年规划与 2007 年景观特征指数，表明规划明显抑制了区域景观破碎化进程，有方向性的土地利用和规划会减弱人为活动对景观的影响。

第7章　长白山自然保护区一体化管理研究

保护区周围的道路、水库、村镇、各种各样的开发区和退化的土地面积正在不断扩大，导致完整的大面积自然景观不断破碎化，保护区逐渐成为海洋中的“孤岛”，生物多样性在这种进程中受到了严重的威胁，物种迁移和基因流动的可能性不断降低（王献溥等，2006）。“孤岛”和“堡垒”式的封闭管理和以经营与获利为主要目的的开发式管理均不利于自然区的可持续发展（徐琼瑜等，2001）。

目前，保护区已经成为区域经济发展和维护环境质量和安全的一个不可缺少的组成部分，不仅应从单纯保护物种的角度来认识它，保护区的管理不能只局限于本身，还要强调从区域管理的观点出发，要和外围区域、部门、社区利益共享，实施共同管理，摆脱孤岛状态，在外围建立一个广阔的土地合理利用的过渡地带或走廊带，彼此构成一个统一的有机整体。

本章在长白山自然保护区外围建设用地高速增长的背景下，基于未来8～10年外围区域建设用地需求依然强劲的预期下，分析长白山保护区现行管理体制、问题基础上，提出建立区域一体化管理模式，以避免保护区演变为“生态孤岛”。

7.1　长白山自然保护区管理体制分析

自然保护区管理体制，从狭义上来讲，主要是指各级人民政府及有关职能部门以及自然保护区管理机关，在自然保护区保护管理方面的职责权限和相互关系。自然保护区管理体制是国家环境管理体制的组成部分，建立保护区管理体制，应当与实现自然保护区的目的、任务相适应，应与本国的具体情况相统一（邹秀君，2008）。

我国自然保护区在经营方面一切资产归国家所有，经营权、管理权、所有权均集中于国家，管理经费由国家分配，同时又具有我国特有的条块分割、多头管理的特征。

条块分割是指现行制度下多个部门拥有设立、管理自然保护区的权利。《自然保护区条例》第八条规定国家对自然保护区实行综合管理与分部门管理相结合的管理体制。国务院环境保护行政主管部门负责全国自然保护区的综合管理，国务院林业、农业、地质矿产、水利、海洋等有关行政主管部门在各自的职责范围内主管有关的自然保护区。国家林业局因为主管我国生物多样性最丰富的森林、湿地和陆生野生动物，建立和负责了我国绝大部分的森林、湿地和森林野生动物保护区。目前林业和环保部门建立和负责的保护区占了所有保护区数量的87%。另外，农业、国土资源、海洋、水利、建设、中医药、科研、教育和旅游等共十几个部门分别建立了一定数量的保护区，这些主管部门对其主管的保护区有管理和执法权力（王浩，2005）。

多头管理是指各级政府和各个相关部门具有对单个保护区内的各种资源和经营活动的管理权力。中国自然保护区根据保护对象的重要性及代表性划分为国家级和地方级，地方级又包括省级、市级和县级。但在实际分级管理中，主管部门并没有起到管理责任，国家级自然保护区实际由地方省或县进行管理。从自然保护区产生的流程来看，先是由地方行政主管部门提出可行性报告，交由当地环保部门审查，若是地方级自然保护区，则由当地政府审批；若是国家级自然保护区，就报中央政府审批；批准后，保护区的人员组成、工资待遇和经费开支等，全由地方政府承担，国家林业、农业等相关中央行政主管部门，只对保护区进行业务指导（夏少敏等，2009）。

长白山自然保护区于1960年建立，区域范围是原长白山施业案中的白山、白西、保安、锦江、老岭5个施业区的全部以及黄松浦、头道白河、二道白河、漫江、横山5个施业区的一部分。同年11月，吉林省长白山自然保护区管理局成立，由吉林省林业厅直接领导。1962年12月，吉林省人民委员会批转林业厅的报告，对保护区的部分区划作了调整。1968年12月，长白山自然保护区管理局被撤销，各管理站分别被下放给安图县、长白县、抚松县。1972年12月，吉林省发展和改革委员会收回了长白山自然保护区管理局，由省林业局直接领导。为了加强对长白山自然保护区的保护管理，充分发挥其保持水土、涵养水源、改善环境、维护生态平衡的重要作用，1982年8月，吉林省人民政府重新调整了保护区范围，确定保护区面积为196 465 hm^2。1986年7月，林业部经过考证、审定，报请国务院批准，长白山自然保护区被列为国家级森林和野生动物类型自然保护区。1988年11月9日，吉林省人大七届六次常委会通过了《吉林长白山国家级自然保护区管理条例》，使保护区的规范化管理有了法律上的依据。

2005年，吉林省委为加大对长白山自然保护区的保护力度，加快培育吉林省旅游优势产业，理顺各方面关系，实现对长白山的统一规划、统一保护、统一开发、统一管理，经2005年第7次省委会议讨论同意，成立长白山管委会，级别为副厅级，且吉林省林业厅将长白山保护局整建制委托长白山管委会管理（吉政发〔2005〕19号）。2006年，《吉林省人民政府关于进一步明确长白山保护开发区管理委员会管理体制和职能权限的意见》（吉政发〔2006〕30号）一文中又将其升格为正厅级。

按照文件规定，长白山管委会管辖范围为吉林长白山国家级自然保护区管理局（简称长白山保护局）、延边朝鲜族自治州（简称延边州）、安图县安图长白山旅游经济开发区(含二道白河镇,简称二道白河旅游区)、长白山和平旅游度假区、白山市抚松县抚松长白山旅游经济开发区(简称松江河旅游区)、长白县长白山南坡旅游经济园区(简称长白山南坡旅游区)。吉林省长白山保护开发区管理委员会管辖区域面积约为 6 718 km^2。上述区域分 2 种管理形式:委托管理和统一管理。

吉林省林业厅将长白山保护局整建制委托长白山管委会管理,并依法加强对长白山保护区相关工作的指导;在保证延边州、白山市相应利益和行政区划不变的前提下,延边州安图县的二道白河旅游区、长白山和平旅游度假区、白山市抚松县的松江河旅游区、长白县的长白山南坡旅游区整建制统一由长白山管委会管理;此外,对吉林省森工集团所属的松江河林业局、露水河林业局、泉阳林业局,对延边州所属的白河林业局、和龙林业局,对白山市所属的长白县森林经营局、长白县林业局实施规划指导管理。以上区域隶属关系不变,由省政府授权长白山管委会统一制定长白山保护与开发总体规划,并按总体规划要求,对长白山的保护、开发与建设实施统一协调与指导。

长白山管委会以北与安图县接壤,G201 国道以北为安图县二道白河镇,安图县国民经济和社会发展第十二个五年规划纲要确立了大松江镇(包括二道白河镇和两江镇)为一个增长极点,主动接受长白山旅游的辐射和带动,统筹规划、一体发展,打造长白山旅游产品供应基地、旅游服务延伸区、生态旅游新城,成为依托长白山经济板块,服务大明月镇,支撑安图发展的重要增长极。这也意味着在保护区北部除了目前规划的池北区(二道白河镇外),还有紧邻安图县的大松江镇旅游新城。如果将抚松县的抚松新城和安图县的大松江镇规划结合一起分析,长白山保护去外围(含研究区)将形成如下布局:

在长白山保护区西部和北部 30 km 以内将出现两大生态新城,与周围乡镇形成网络群,这将对区域生态环境保护带来严重压力。如果一种资源没有排他性的所有权,就会导致对这种资源的过度使用。因此,保护区的管理应真正做到"统一规划、统一管理",同时引入外部监督的原则。目前,保护区外围实际的多个部门,为了分享旅游发展的经济收益,均在保护区不同方向提出侧重旅游的总体规划,建议保护区管理体制上统一,无论从财政拨款、单位建制、人事安排、还是从投资收益均划归单一部门,范围以外围紧邻林业局为界。保护区的主管机构要独立地进行各项工作,在保护区管理机构的编制下,保护区应该拥有自己的森林公安、水文气象、财务审计等部门。这是搞好自然保护区建设与管理的组织保证。

保护区外围总体规划方案的制定必须贯彻全面规划、积极保护、科学管理、永续利用的自然保护方针,根据自然保护区功能分区的理论与原则,必须合理划分 3 个功能区,把保护、科研、监测、教育和旅游结合起来,统一规划与布局,正确处理保护与开发、旅游与教育、资源保护区与社区发展等关系。

另外,行政部门既是资源的所有者、监护者,又是资源的管理者、经营者和受益者,集多种身份为一体,易造成短视行为,可以从外部引入监督机构。环境行政机关对自然保护区的管理部门应该定期进行工作监督，确保自然保护区日常管理工作的顺利开展，同时，对自然保护区的相关运作体制，如政府部门的资金投入机制、自然保护基金会的运作体制、自然保护相关税费的收取情况等，都应当有相应的监督制约机制，确保自然保护区的各项工作顺利开展。

7.2 区域城镇化趋势与生态环境保护分析

结合已有研究分析研究区城镇化过程，可分为点状形成阶段、轴向扩展阶段、伸展稳定阶段、内向填充阶段、再次轴向扩展阶段(周年兴等，2004)。点状形成阶段主要发生在旅游开发之前，主要是自然村落聚集以及农业、林业生产需要形成零星分布的阶段。随着经济发展、旅游开发，区域的交通线沿线、人口聚集处形成了简单接待设施，如早期二道白河镇。随着旅游业进一步扩大，投资加大，行业部门大规模圈地，沿交通轴伸展稳定。当经济进一步发展时，游客量剧增，需改造、增加服务设施，土地开发并不算充分。研究区目前处于从伸展稳定阶段向填充阶段演变的过程。

城镇化进程一方面可能造成区域带来视觉景观破坏、生态水文环境受到影响等影响，另一方面会吸引农村人口向小城镇集聚，带动非农产业发展，因此，寻找发展平衡点和有效措施获得综合效益最大化，是目前区域发展不可回避的问题。

首先，应在社会发展规划中引入生态经济规划的内容，并保证生态、经济、社会规划的协调和一致，在规划中体现规划的超前意识。同时，对于区域总体规划无比进行环境影响评价和预测，保证规划的科学性。尤其旅游服务基地、基础设施选址，规模、建造方式都应反复论证、慎重确定，在错误的道路上快速前行更为可怕。其次，加强区域生态经济系统的日常管理，包括合理控制人口规模、人口流向，调整产业结构，调整与改善污染排放通道和渠道，减弱城镇化引起的负面效应。再次，用科学手段加强监测，逐步实现生态预测、预报，更好地为经济、社会发展服务。

为了增强区域交通便捷度和旅游吸引力，长白山保护区外围扩建了环长白山公路(二道白河至漫江)，加上原有二道至山门公路及规划的高速铁路和公路等，长白山正在逐渐成为被道路包围的孤岛。公路建设过程由于对区域切割，使整个自然生态系统形成一个个孤立的生态岛屿，或者由于人类捕猎、生产生活活动、城市扩大等原因，使某物种或某种生态系统与同类物种或生态系统，或与其他物种和生态系统之间的联系被人为切断，或引起交流上存在障碍，从而对物种或生态系统产生影响，使之成为易受影响和破坏的“生态岛屿”。王云(2010)、赵世元(2010)等学者分别进行了环长白山旅游公路对周围环境的影响研究，公路对植物、动物和景观均有不同程度的影响范围，随着环长白山旅游公路的通车时间的增长、长白山游资源的开发、交通量的升高，这类影响会加剧。

从道路两侧缓冲区尺度可以通过植被、生态系统恢复建设相应的专用动物通道，增加公路隧洞数量等方式，减弱道路对生态环境的影响，但是从区域整体角度，已形成公路环绕保护区近孤岛格局。Forman 等(2002)建议为了降低道路系统对生态环境的影响，要尽量保持大型无道路区域。林鹏等(2006)建议建立自然保护区群网，促进生物多样性的迁徙与传布，可以有效提高自然保护区内的顶级森林生态系统的稳定性和抗干扰能力，可以扩大保护对象的活动空间和生境范围，可以提高种质资源的保护效果。从景观生态学的观点看，生物多样性保护体系应该是一个有利于物种扩散和持久性的景观生态网络，生物多样性保护在一定范围内的最终成功要靠对内部整个景观的管理，生态系统管理强调的是保持各组分功能间的相互联系并非各组分本身。张玉梅等(2008)通过实例证明了当孤立地用自然保护区作为生物多样性保护地域时，不发生协同作用，当把小区纳入生物多样性保护范围时，临接度大幅度提高，群网体系改善了生物多样性保护区域的景观生态结构。

结合上述研究成果，运用于研究区生态环境建设，自然保护区作为一个大型斑块，保护区周边的物种生境保护小区、林业局的重点公益林区为小型斑块，通过至少 1000 m 左右宽廊道连接，建立区域一体化群网体系，解决岛屿式的孤立保护区所不能解决的问题，可有效提高生态系统的稳定性和抗干扰能力。

参考文献

摆万奇,张永民,阎建忠,等. 大渡河上游地区土地利用动态模拟分析. 地理研究,2005,24(2):206-213.

蔡玉梅,刘彦随,宇振荣,等. 土地利用变化空间模拟的进展:Clue-S模型及其应用. 地理科学进展,2004,23(4):63-71.

曹敏. 长江口北岸土地利用动态演化模拟研究. 北京:中国矿业大学,2009.

常禹,布仁仓,胡远满. 利用GIS和RS确定长白山自然保护区森林景观分布的环境范围. 应用生态学报,2003,14(3):671-675.

常禹,布仁仓,胡远满,等. 长白山森林景观边界动态变化研究. 应用生态学报,2004,15(1):15-20.

常禹,李月辉,胡远满,等. 长白山自然保护区历史森林景观的初步重建. 第四纪研究,2003,23(3):309-317.

陈红梅. 我国自然保护区管理法律制度研究. 南京:河海大学,2006.

陈洪宏. 森林生态旅游对环境的影响及对策. 北方经贸,2009,(04):128-129.

陈龙乾. 矿区土地演变监测与可持续利用研究. 北京:中国矿业大学,2002.

陈雅涵,唐志尧,方精云. 中国自然保护区分布现状及合理布局的探讨. 生物多样性,2009,17(6):664-674.

成军锋. 乌兰布和沙漠及周边地区土地利用与土地覆盖变化研究. 北京:北京林业大学,2010.

程江. 上海中心城区土地利用/土地覆被变化的环境水文效应研究. 上海:华东师范大学,2007.

程亚宁. 长白山自然保护区旅游产业发展策略研究. 长春:东北师范大学,2007.

程占红,张金屯,上官铁梁. 芦芽山自然保护区旅游开发与植被环境关系:旅游影响系数及指标分析. 生态学报,2003,23(4):703-711.

崔峰,欧名豪. 江苏省土地利用变化及其旅游驱动力研究. 资源科学,2010,32(10):1963-1971.

戴凡. 新中国林业政策发展历程分析. 北京:北京林业大学,2010.

邓祥征,林英志,黄河清. 土地系统动态模拟方法研究进展. 生态学杂志,2009,28(10):2123-2129.

邓祥征，战金艳．中国北方农牧交错带土地利用变化驱动力的尺度效应分析．地理与地理信息科学，2004，20(3)：64-68.

丁菡．中国沿海经济发达地区土地利用变化及其驱动机制与预测模型研究．杭州：浙江大学，2006.

董仁才，余丽军，邓红兵，等．泸沽湖流域生物多样性特点与保护对策分析[C]//第五届中国青年生态学工作者学术研讨会，2008.

杜云艳，王丽敬，季民，等．土地利用变化预测的案例推理方法．地理学报，2009，64(12)：1421-1428.

段增强，张凤荣，孔祥斌．土地利用变化信息挖掘方法及其应用．农业工程学报，2005，21(812)：60-66.

冯达，温亚利．我国自然保护区管理研究综述．林业调查规划，2009，34(6)：62-65.

冯异星，罗格平，尹昌应，等．干旱区内陆河流域土地利用程度变化与生态安全评价：以新疆玛纳斯河流域为例．自然资源学报，2009，24(11)：1921-1931.

冯永玖，刘艳，韩震．不同样本方案下遗传元胞自动机的土地利用模拟及景观评价．应用生态学报，2011，22(4)：957-963.

付伟．济南市南部近郊区景观破碎化研究．济南：山东师范大学，2010.

关瑞华．基于3S达里诺尔国家级自然保护区景观格局演变及监控技术的研究．呼和浩特：内蒙古农业大学，2011.

国家环境保护总局．全国自然保护区建设现状与发展趋势．环境保护，2000(8)：28.

郝晋珉，安萍莉．景观评价在县级土地利用规划中的应用．农业工程学报，1996，12(4)：90-95.

何书金，李秀彬．环渤海地区耕地变化及动因分析．自然资源学报，2002，17(3)：345-352.

胡伟艳，张安录．LUCC模型研究的动态与趋势．生态经济，2007(1)：52-56.

胡召玲，杜培军，赵昕，等．徐州煤矿区土地利用变化分析．地理学报，2007，62(11)：1204-1214.

黄文娟．国家级自然保护区实施社区共管的初步研究：以湖南壶瓶山国家级自然保护区为例．长沙：中南林学院，2004.

黄祖群．长白山地域生态旅游空间开发模式与对策研究．长春：东北师范大学，2010.

姬洋．基于CLUE-S模型和GIS的微山县土地利用变化动态模拟与情景分析.泰安：山东农业大学，2011.

吉林省长白山保护开发区．2012. http://cbs.jl.gov.cn/web/cbszhw1_xx.aspx? moduleid=783&id=8609.

吉林省城乡规划设计研究院，长白山保护开发区管理委员会．长白山保护与开发总体规划(2006—2020)．2006.

贾科利．基于遥感、GIS的陕北农牧交错带土地利用与生态环境效应研究．咸阳：西北农林科技大学，2007.

姜广辉，张凤荣．城市边缘区土地利用规划中的景观谐调问题．中国土地科学，2005，19(3)：15-18.

焦明，张世强，刘勇，等．基于3S技术的甘肃子午岭自然保护区土地利用变化研究．草业科学，2007，24(11)：14-17.

金真．长白山自然保护区开发与生态环境保护研究．长春：吉林大学，2006.

康慕谊，江源，石瑞香．NECT样带1984-1996土地利用变化分析．地理科学，2000，20(2)：115-120.

赖彦斌，徐霞，王静爱，等．NSTEC不同自然带土地利用/覆盖格局分．地球科学进展，2002，17(2)：215-221.

黎夏，刘小平．基于案例推理的元胞自动机及大区域城市演变模拟．地理学报，2007a，62(10)：1097-1109.

黎夏，叶嘉安．基于神经网络的元胞自动机及模拟复杂土地利用系统．地理研究，2005，24(1)：19-27.

黎夏，叶嘉安，刘小平，等．地理模拟系统：元胞自动机与多智能体．北京：科学出版社，2007b.

李慧卿．长白山周边发展森林旅游探讨：以白河林业局为例．林业经济问题，2003，23(5)：261-265.

李慧燕．铜川市土地利用/土地覆被动态变化研究．榆林：西北农林科技大学，2011.

李景刚，何春阳，史培军，等．近20年中国北方13省的耕地变化与驱动力[J]．地理学报，2004，59(2)：274-282.

李文生．长白山概览．新加坡出版社和吉林出版社，1988.

李鑫，欧名豪，马贤磊．基于景观指数的细碎化对耕地利用效率影响研究：以扬州市里下河区域为例．自然资源学报，2011，26(10)：1758-1767.

李秀彬．全球环境变化研究的核心领域：土地利用/土地覆被变化的国际研究动向．地理学报，1996，51(6)：553-558.

李秀珍，布仁仓，常禹，等．景观格局指标对不同景观格局的反应．生态学报，2004，24(1)：123-134.

李学梅，李忠峰．土地利用/覆盖变化研究进展及其意义．安徽农业科学，2008，36(6)：2462-2464.

李杨．国内外土地利用变化研究概述．安徽农学通报，2010，16(9)：12-16.

李欣．环长白山旅游公路建设野生动物资源保护研究．长春：东北师范大学,2013.

林鹏,张宜辉,杨志伟,等. 自然保护区群网生态建设的几点思考. 亚热带资源与环境学报,2006,1(1):67-73.

蔺卿,罗格平,陈曦. LUCC 驱动力模型研究综述. 地理科学进展,2005,24(5):79-86.

刘冰冰,洪涛,潘丽雯. 城市自然保护区总体规划研究思路探讨:以深圳市大鹏半岛自然保护区为例. 城市规划学刊,2010,(7):54-59.

刘泓,汪苏燕. 自然保护区管理模式和机制初探:天津古海岸与湿地国家级自然保护区管理实践. 海洋管理,2005,(5):36-40.

刘纪远,邓祥征. LUCC 时空过程研究的方法进展. 科学通报,2009,54(21):3251-3258.

刘可东. 合肥市景观空间格局分析及其应用研究. 合肥:安徽农业大学,2004.

刘淼,胡远满,孙凤云. 土地利用模型 CLUE-S 在辽宁省中部城市群规划中的应用. 生态学杂志,2012,31(2):413-420.

刘荣,高敏华,谢峰. 基于 Logistic 回归模型的土地利用格局模拟分析:以新疆吐鲁番市为例. 水土保持研究,2009,16(6):74-78.

刘锐. 中国自然保护区与周边社区和谐发展模式探讨. 资源科学,2008,30(6):870-875.

刘瑞,朱道林. 基于转移矩阵的土地利用变化信息挖掘方法探讨. 资源科学,2010,32(8):1544-1550.

刘小平,黎夏,艾彬,等. 基于多智能体的土地利用模拟与规划模型. 地理学报,2006,61(10):1101-1112.

龙楼花,李秀彬. 长江沿线样带土地利用格局及其影响因子分析. 地理学报,2001,56(4):417-425.

卢玉东,尹黎明,何丙辉,等. 利用 TM 影像在土地利用/覆盖遥感解译中波段选取研究. 西南农业大学学报(自然科学版),2005,27(4):119-122.

鲁春阳,齐磊刚,桑超杰. 土地利用变化的数学模型解析. 资源开发与市场,2007,23(1):27-29.

路云阁,蔡运龙,许月卿. 走向土地变化科学:土地利用/覆被变化研究的新进展. 中国土地科学,2006,20(1):55-611.

吕铭志. 旅游开发对中国吉林长白山国家级自然保护区土地利用格局的影响研究. 长春:东北师范大学,2010.

罗菊春,王灵艳. 论我国自然保护区生态旅游问题. 北京林业大学学报,2010,32(3):221-224.

马建章,程鲲. 自然保护区生态旅游对野生动物的影响. 生态学报,2008,28(6):2818-2827.

倪少春,贾铁飞,郑辛酉．城市边缘区土地利用与城市化空间过程:以上海市西南地区为例,2006,25(2):92-95.

彭建．喀斯特生态脆弱区土地利用/覆盖变化研究:以贵州猫跳河流域为例．北京:北京大学,2006.

盛晟,刘茂松,徐驰,等．CLUE-S模型在南京市土地利用变化研究中的应用．生态学杂志,2008,27(2):235-239.

石瑞香,康慕谊．NECT上农牧交错区耕地变化及其驱动力分析．北京师范大学学报,2000,36(5):700-705.

史纪安,陈利顶．榆林地区土地利用覆被变化区域特征及其驱动机制分析．地理科学,2003,23(4):493-498.

史培军,宫鹏,李晓兵,等．土地利用/覆盖变化研究的方法和实践．北京:科学出版社,2000.

史培军,江源,王静爱．土地利用/覆盖变化与生态安全响应机制．北京:科学出版社,2004.

史培军,苏筠,周武光．土地利用变化对农业自然灾害灾情的影响机理(一):基于实地调查与统计资料的分析．自然灾害学报,1999,8(1):1-8.

史培军,周武光,方伟华,等．土地利用变化对农业自然灾害灾情的影响机理(二):基于家户调查实地考察与测量、空间定位系统的分析．自然灾害学报,1999,8(3):22-29.

孙战利．空间复杂性与地理元胞自动机模拟研究．地球信息科学,1999,1(2):32-37.

唐华俊,吴文斌,杨鹏,等．土地利用/土地覆被变化(LUCC)模型研究进展．地理学报,2009,64(4):456-468.

唐秀美,陈百明,路庆斌,等．城市边缘区土地利用景观格局变化分析．中国人口&资源与环境,2010,20(8):159-163.

涂倩倩．汉源县土地利用/覆被变化及其驱动力研究．雅安:四川农业大学,2011.

王伯超,塔西甫拉提·特依拜,张飞,等．基于数字遥感图像的艾比湖绿洲近30年动态变化研究．水土保持通报,2007,27(2):107-118.

王昌海,温亚利．基于公共物品外部性视角的自然保护区管理对策研究．改革与战略,2011,27(3):63-67.

王国友．新疆于田绿洲-荒漠交错带土地利用变化的社会驱动力研究．中国沙漠,2006,(2):17-21.

王浩．我国自然保护区可持续发展管理模式研究:以大丰麋鹿自然保护区为例．南京:南京林业大学,2005.

王健,田光进,全泉,等．基于CLUE-S模型的广州市土地利用格局动态模拟.

生态学杂志,2010,29(6):1257-1262.

王丽艳,张学儒,张华,等.CLUE-S 模型原理与结构及其应用进展.地理与地理信息科学,2010,26(3):73-77.

王萨仁娜.基于 GIS 的内蒙古农牧交错带荒漠化近期动态变化及影响因素分析.呼和浩特:内蒙古师范大学,2004.

王献溥,于顺利,陈宏伟.新世纪保护区面临的挑战及其有效对策.野生动物杂志,2006,27(4):6-9.

王小钢.跨部门管理的自然保护区建立和变更的法律规则设计:以湖南岳阳东洞庭湖国家级自然保护区为例.林业资源管理,2003,(5):40-44.

王云,关磊,孔亚平.环长白山旅游公路对周围环境的道路影响域研究.公路交通科技应用技术版,2010,(10):300-303.

王云,关磊,朴正吉,等.环长白山旅游公路对中大型兽类的阻隔作用.生态学杂志,2016,35(8):2152-2158.

王云,朴正吉,孔亚平,等.动物穿越环长白山旅游公路的调查研究及保护对策.交通建设与管理,2009(9):117-120.

魏强.基于 CLUE-S 模型的托克逊县土地利用动态变化预测模拟研究.乌鲁木齐:新疆大学,2010.

吴服胜.森林资源社区共管机制的比较研究.兰州:兰州大学,2011.

吴健生,冯喆,高阳,等.CLUE-S 模型应用进展与改进研究.地理科学进展,2012,31(1):3-10.

吴文斌,杨鹏,柴崎亮介,等.基于 Agent 的土地利用/土地覆盖变化模型的研究进展.地理科学,2007,27(4):573-578.

武桂贞.河北省海岸带土地利用变化驱动力的定量研究.石家庄:河北师范大学,2007.

夏斌,刘洁,李军,等.区域土地利用变化的人文因素分析:以井冈山市为例.水土保持研究,2010,17(2):223-228.

夏少敏,闫献伟,茜坤,等.中国自然保护区管理体制探析.浙江林学院学报,2009,26(1):127-131.

解靓,钟凯文,孙彩歌,等.土地利用与土地覆盖模型研究概述.农机化研究,2008,(7):8-17.

谢芳,邱国玉,尹婧,等.泾河流域 40 年的土地利用/覆盖变化分区对比研究.自然资源学报,2009,24(8):1354-1365.

谢花林,李波.基于 Logistic 回归模型的农牧交错区土地利用变化驱动力分析:以内蒙古翁牛特旗为例.地理研究,2008,27(2):294-304.

谢小魁.基于决策支持系统的森林经营预案动态模拟.北京:中国科学院,2010.

徐觋胤．长白山旅游产业集群研究．长春：东北师范大学，2008.

徐磊，侯立春，杨强，等．利用TM影像提取土地利用/覆被信息的最佳波段研究．湖北大学学报（自然科学版），2011，33(1)：119-122.

徐琼瑜，胡伟强，王祥荣．中国自然保护区可持续管理模式探讨：伦敦自然保护区管理模式借鉴．城市环境与城市生态，2001，14(5)：20-22.

许月卿，罗鼎，冯艳，等．西南喀斯特山区土地利用/覆被变化研究：以贵州省猫跳河流域为例．资源科学，2010，32(9)：1752-1760.

薛其福．旅游带动型城市化对保护区所在地自然资源的影响：以九寨沟县的土地利用/覆被变化为例．北京：北京大学，2004.

闫小培，毛蒋兴，普军．巨型城市区域土地利用变化的人文因素分析：以珠江三角洲地区为例．地理学报，2006，61(6)：613-623.

杨梅，张广录，侯永平．区域土地利用变化驱动力研究进展与展望．地理与地理信息科学，2011，27(1)：95-100.

杨青生，黎夏．基于遗传算法自动获取CA模型的参数：以东莞市城市发展模拟为例．地理研究，2007，26(2)：229-237.

于德永，郝占庆，姜萍，等．长白山典型林区森林资源景观格局变化分析．应用生态学报，2004，15(10)：1809-1814.

于德永，郝占庆，潘耀忠，等．长白山典型林区森林资源利用状况评价．生态学报，2004，24(12)：2940-2944.

余婷，柯长青．基于CLUE-S模型的南京市土地利用变化模拟．测绘科学，2010，35(1)：186-188.

喻泓，肖曙光，杨晓晖，等．我国部分自然保护区建设管理现状分析．生态学杂志．2006，25(9)：1061-1067.

张红兵．试论公路建设与生态孤岛效应．福建环境，2002，19(3)：41-42.

张娜，于贵瑞，于振良，等．基于景观尺度过程模型的长白山地表径流量时空变化特征的模拟．应用生态学报，2003，14(5)：653-658.

张娜，于贵瑞，于振良，等．基于景观尺度过程模型的长白山净初级生产力空间分布影响因素分析．应用生态学报，2003，14(5)：659-664.

张仁锋．西安市土地利用/土地覆盖变化(LUCC)驱动机制研究．西安：西安建筑科技大学，2007.

张文军．生态学研究方法．广州：中山大学出版社，2007.

张永民，赵士洞，Verburg P H. CLUE-S模型及其在奈曼旗土地利用时空动态变化模拟中的应用．自然资源学报，2003，18(3)：310-318.

张玉梅，郑达贤．陆域生物多样性保护区群网体系框架研究．亚热带资源与环境学报，2008，3(5)：1-10.

张芸香，郭晋平．森林景观斑块密度及边缘密度动态研究：以关帝山林区为例. 生态学杂志,2001,20(1):18-21.

赵光,邵国凡,郝占庆等. 长白山森林景观破碎的遥感探测. 生态学报,2001,21(9):1393-1402.

赵建军,张洪岩,王野乔,等. 人类活动对长白山典型区域自然环境的影响. 东北师大学报(自然科学版),2011,43(3):126-132.

赵世元,陈济丁,孔亚平等. 环长白山旅游公路改扩建对景观格局的影响. 公路交通科技,2010,27(12):152-158.

赵新勇. 生态旅游对生态环境的负面影响及保护措施. 中国林业企业,2005(1):24-26.

钟莉华. 基于生态社会经济系统理论的我国自然保护区周边社区发展模式及政策分析. 世界林业研究,2009,22(6):67-70.

周年兴,俞孔坚. 风景区的城市化及其对策研究:以武陵源为例. 城市规划汇刊,2004,(1):57-61.

周锐,苏海龙,胡远满. 不同空间约束条件下的城镇土地利用变化多预案模拟. 农业工程学报,2011,27(3):300-308.

周锐,苏海龙,王新军,等. CLUE-S 模型对村镇土地利用变化的模拟与精度评价. 长江流域资源与环境,2012,21(2):174-180.

朱利凯,蒙吉军. 国际 LUCC 模型研究进展及趋势. 地理科学进展,2009,64(4):782-790.

邹秀君. 我国自然保护区管理体制及立法研究. 青岛:中国海洋大学,2008.

Almeida C A,Quintar S,Gonzalez P,et al. Influence of urbanization and tourist activities on the water quality of the Potrero de los Funes River(San Luis Argentina). Environmental Monitoring and Assessment,2007,133(1-3):459-465.

Bell J N B,Power S A,Jarraud N,et al. The effects of air pollution on urban ecosystems and agriculture. International Journal of Sustainable Development and World Ecology,2011,18(3):226-235.

Benenson I,Torrens P M. Geosimulation: Automata-Based Modeling of Urban Phenomena[M]. John Wiley & Sons Inc. ,New Jersey,2006.

Burak S,Dogan E,Gazioglu C. Impact of urbanization and tourism on coastal environment. Ocean & Coastal Management,2004,47(9-10):515-527.

Cengiz T. Tourism,an ecological approach in protected areas:Karagol-Sahara National Park, Turkey. International Journal of Sustainable Development and World Ecology,2007,14(3):260-267.

Chen M X,Lu D D,Zha L S. The comprehensive evaluation of China's urbanization and effects on resources and environment. Journal of Geographical Sciences,2010,20(1):17-30.

Couclelis H. Cellualar Worlds: A Framework for Modelling Micro-Macro Dynamics. Environment and Planning, 1985, 17: 585-596.

Cui S, Yang X, GuoX, et al. Increased challenges for world heritage protection as a result of urbanisation in Lijiang City. International Journal of Sustainable Development and World Ecology, 2011, 18(6): 480-485.

Cui X H, Chu J M, Zhu X I. Review on Eco-tourism Development Modes of Biosphere Reserves in China. Chinese Forestry Science and Technology, 2006, 05(2): 78-83.

Don R C, Yu L J, Liu G H. Impact of tourism development on land-cover change in a matriarchal community in the Lugu Lake area. International Journal of Sustainable Development and World Ecology, 2008, 15(1): 28-35.

Ellis E A, Baerenklau K A, Marcos-Martinez R, et al. Land use/land cover change dynamics and drivers in a low-grade marginal coffee growing region of Veracruz, Mexico. Agroforestry Systems, 2010, 80(1): 61-84.

Foley J A, DeFries R, Asner G P, et al. Global consequences of land use. Science, 2005, 309(5734): 570-574.

Forman R T T, Clevenger A P, Cutshall C D, et al. Road Ecology: Science and Solutions. Washington, D. C. : Island Press, 2002.

He C Y, Shi P J, Chen J, et al. . Developing land use scenario dynamics model by the integration of system dynamics model and cellular automata model. Sci China Ser D-Earth Sci, 2005, 35: 464-473.

He G M, Chen X D, Liu W, et al. Distribution of Economic Benefits from Ecotourism: A Case Study of Wolong Nature Reserve for Giant Pandas in China. Environmental Management, 2008, 42(6): 1017-1025.

Hossain M Z, Tripathi N V, Gallardo W G. Land Use Dynamics in a Marine Protected Area System in Lower Andaman Coast of Thailand, 1990-2005. Journal of Coastal Research, 2009, 25(5): 1082-1095.

Joppa L N, Loarie S R, Pimm S L. On Population Growth Near Protected Areas. PLoS ONE, 2009, 4(1): e4279. doi: 10. 1371/journal. pone. 0004279.

Jenerette G D, Potere D. Global analysis and simulation of land-use change associated with urbanization. Landscape Ecology, 2010, 25(5): 657-670.

Karaburun A, Demirci A, Suen I S. Impacts of urban growth on forest cover in Istanbul(1987-2007). Environmental Monitoring and Assessment, 2010, 166(1-4): 267-277.

Kiss A. Is community-based ecotourism a good use of biodiversity conservation funds? Trends in Ecology Evolution, 2004, 19(5): 232-237.

Li X Y, Ma Y J, Xu H Y, et al. Impact of Land Use and Land Cover Change on Environmental Degradation in Lake Qinghai Watershed, Northeast Qinghai-Tibet Plateau. Land Degradation & Development,2009,20(1):69-83.

Ligtenberg A, Bregt A K and van Lammeren R. Multi-actor-based land use modeloling: spatial planning using agents. Landscape and Urban Planning, 2001,56(1/2): 21-33.

Lin T, Gan Y, Feng L, et al. Developing harmonious multiethnic settlements in Southwest China:a spatial pattern analysis of Lijiang City. International Journal of Sustainable Development and World Ecology,2011,18(6):530-536.

Manandhar R,Odeh I O A,Pontius R G. Analysis of twenty years of categorical land transitions in the Lower Hunter of New South Wales, Australia. Agriculture Ecosystems & Environment,2011,135(4):336-346.

Mas J F. Assessing protected area effectiveness using surrounding(buffer)areas environmentally similar to the target area. Environmental Monitoring and Assessment,2005,105(1-3):69-80.

Nelson E, Sander H, Hawthorne P, et al. Projecting Global Land-Use Change and Its Effect on Ecosystem Service Provision and Biodiversity with Simple Models. Plos One,2010,5(12):14327.

Opschoor H, Tang L N. Growth, world heritage and sustainable development:the case of Lijiang City,China. International Journal of Sustainable Development and World Ecology,2011,18(6):469-473.

Overmars K P,De Groot W T,Huigen M G. A Comparing inductive and deductive modelling of land use decisions: Principles, a model and an illustration from the Philippines. Human Ecology,2011,35:439-452.

Pollock-Ellwand N. Common ground and shared frontiers in heritage conservation and sustainable development: partnerships, policies and perspectives. International Journal of Sustainable Development and World Ecology,2011, 18(3):236-242.

Pontius R G,Shusas E,McEachern M. Detecting important categorical land changes while accounting for persistence. Agr Ecosyst Environ,2004,101(2-3):251-268.

Pontius R G, Shusas E, McEachern M. Detecting important categorical land changes while accounting for persistence. Agriculture Ecosystems & Environment,2004,101(2-3):251-268.

Salvati L,Sabbi A. Exploring long-term land cover changes in an urban region of southern Europe. International Journal of Sustainable Development and World Ecology,2011,18(4):273-282.

Schwaiger H P, Bird D N. Integration of albedo effects caused by land use change into the climate balance:Should we still account in greenhouse gas units? Forest Ecology and Management,2010,260(3):278-286.

Shao G F,Li F L,Tang L N. Multidisciplinary perspectives on sustainable development. International Journal of Sustainable Development and World Ecology, 2011,18(3):187-189.

Statistical Communiqué of the Changbai Mountain Ptotection and Development Zone of Jilin Province on the 2010 National Economic and Social Development [2011-04-15]. Jilin:Changbai Mountain Ptotection and Development Zone of Jilin Province. [2012-02-10]. http://cbs. jl. gov. cn/web/lytj_list. aspx.

Tang L N, Li A X, Shao G F. Landscape-level Forest Ecosystem Conservation on Changbai Mountain,China and North Korea. Mountain research and development,2011,31(2):169-175.

Tang L N,Shao G F,Piao Z J,et al. Forest degradation deepens around and within protected areas in East Asia. Biological Conservation, 2010, 143 (5): 1295-1298.

The Central People's Government of the People's Republic of China. Regulations of the People's Republic of China for Nature Reserves,1994.

Yepes V, Medina J R. Land use tourism models in Spanish coastal areas. A case study of the Valencia region. J Coast Res,2005,49:83-88.

Verburg P H, Veldkamp A, De Koning G H J. A spatial explidt allocation procedure for modelling the pattern of land use change based upon actual land use. Ecological Modelling,1999,116(1):45-61.

Verburg P H, van Berkel D B, van Doorn A M, et al. Trajectories of land use change in Europe:a model-based exploration of rural futures. Landscape Ecol, 2010,25(2):217-232.

Wittemyer G, Elsen P, Bean WT, et al. Accelerated human population growth at protected area edges. Science,2008,321(5885):123-126.

Xu J Y, Lu Y H, Chen L D, et al. Contribution of tourism development to protected area management: local stakeholder perspectives. International Journal of Sustainable Development and World Ecology,2009,16(1):30-36.

Yu D, Zhou L, Zhou W, et al. Forest Management in Northeast China: History, Problems, and Challenges. Environmental Management, 2011, 48 (6): 1122-1135.

Yuan J Q,Dai L M,Wang Q L. State-Led Ecotourism Development and Nature Conservation: a Case Study of the Changbai Mountain Biosphere Reserve,

China. Ecology and Society, 2008, 13(2):55.

Zeng H, Sui D Z, Wu X B. Human disturbances on landscapes in protected areas: a case study of the Wolong Nature Reserve. Ecology Research, 2005, 20(4): 487-496.

Zhao G, Shao G F. Logging restrictions in China - A turning point for forest sustainability. Journal of Forestry, 2002, 100(4):34-37.

Zhao J Z, Li Y, Wang D, et al. Tourism-induced deforestation outside Changbai Mountain Biosphere Reserve, northeast China. Annals of Forest Science, 2011, 68(5):935-941.

Zhao J Z, Dai D B, Lin T, et al. Rapid urbanisation, ecological effects and sustainable city construction in Xiamen. International Journal of Sustainable Development and World Ecology, 2010, 17(4):271-272.

Zhao M, Liu X, Zheng B F, et al. Landscape pattern analysis and management research in the Lugu Lake area. International Journal of Sustainable Development and World Ecology, 2008, 15(1):36-41.

Zheng D L, Wallin D O, Hao Z Q. Rates and patterns of landscape change between 1972and 1988 in the Changbai Mountain area of China and North Korea. Landscape Ecology, 1997, 12(4):241-254.